TOM DASKE

REDLINE | VERLAG

TOM DASKE

hello

brand

Zehn neue Kommunikationstrends für Markenmacher

Bibliografische Information der Deutschen Nationalbibliothek:
Die Deutsche Nationalbibliothek verzeichnet diese Publikation in der Deutschen Nationalbib-
liografie. Detaillierte bibliografische Daten sind im Internet über http://dnb.d-nb.de abrufbar.

Für Fragen und Anregungen:
lektorat@redline-verlag.de

1. Auflage 2016

© 2016 by Redline Verlag, ein Imprint der Münchner Verlagsgruppe GmbH,
Nymphenburger Straße 86
D-80636 München
Tel.: 089 651285-0
Fax: 089 652096

Redaktion: Jana Stahl, Heidelberg
Covergestaltung: Die Botschaft Communications GmbH
Umschlaggestaltung: Melanie Melzer, München
Satz: inpunkt[w]o, Haiger
Druck: Reálszisztéma Dabasi Nyomda Zrt., Ungarn
Printed in the EU

ISBN Print 978-3-86881-606-8
ISBN E-Book (PDF) 978-3-86414-857-6
ISBN E-Book (EPUB, Mobi) 978-3-86414-856-9

Weitere Informationen zum Verlag finden sie unter

www.redline-verlag.de

INHALT

9 TATEN STATT WORTE:
DESTINATION DIGITAL 177

10 DIE NEUE FREIHEIT:
COMMITMENT DURCH CONTENT 199

EPILOG:
TRANSFORMATION DURCH TRANSPARENZ 217

ÜBER DEN AUTOR

GLOSSAR 233

PROLOG:
ALLES IST MARKE –
UND OHNE MARKE
IST ALLES NICHTS

Kopenhagen ist der ideale Rückzugsort für Brandbuilder. Oder ihre ganz persönliche Vorhölle. Je nachdem, wie Sie dazu stehen, was Werbung heute ist und welche Zwecke sie verfolgt, kann Kopenhagen für Sie eine Inspiration sein oder ein Albtraum.

In Kopenhagen gibt es nämlich keine Werbung. Jedenfalls nicht draußen im öffentlichen Raum. Die dänische Hauptstadt ist quasi eine werbefreie Zone. Nicht durch irgendeinen merkwürdigen Zufall, oder weil die umweltbewussten Dänen keine Bäume mehr für Plakate opfern wollen. Sondern weil die Stadt ihre eigene Marke sein soll, und keine kolossale Werbefläche. Natürlich lebt auch Kopenhagen nicht zuletzt von seinen Marken. Skandinavisches Design ist schon wieder, immer noch, eigentlich immer hipp. Auch viele spannende Werbetrends sind über die Jahre aus Skandinavien zu uns rübergeschwappt – in diesem Buch werden Sie einigen Beispielen begegnen.

Viel spannender für mich als Brandbuilder ist aber die skandinavische Haltung zur Markenkommunikation, die sich zum Beispiel in einer werbefreien Hauptstadt ausdrückt: Wenn alles Marke ist, wozu dann die omnipräsente Werbedröhnung?

Ja ja, doch, ich führe eine Agentur für Markenkommunikation. Nicht trotzdem, sondern genau deshalb finde ich Kopenhagen erholsamer als New York oder Ibiza. Inspirierender sogar. Kopenhagen vermittelt mir einen lebendigen Eindruck davon, wie viel angenehmer ich durch den Tag komme, wenn ich nicht an jeder Hausecke mit Werbung belästigt werde, die mich nicht interessiert und die ich überhaupt nicht sehen will.

Ich will gar nicht leugnen, dass der Ausflug in die werbefreie Zone mich anfangs auch ein bisschen erschreckt hat. Denn er hat mir deutlich vor Augen geführt, wie sehr meine Branche die Menschen nervt. Und ich kann sie verstehen.

In Kopenhagen sind Marken für die Menschen da. Und deshalb oft eben nicht da. Hier ist alles um die Menschen herumgedacht: um die Fußgänger, um die Fahrradfahrer, um die Metro-Nutzer. Hier haben Marken, Märkte, Investoren nicht um jeden Preis die Vorfahrt. Sie integrieren sich so ins Leben der Menschen, wie die Menschen es brauchen. Keine aufdringlichen Verkäufer an jeder Ecke. Nicht auf der Straße, nicht auf Plakaten, nicht auf Häuserwänden. Selbst die Gebäude müssen hier nämlich, per Verordnung, eine visuelle Bereicherung sein. Städtebauliche und anderweitig gesellschaftlich verankerte Projekte sollen für die Allgemeinheit lukrativ und spannend sein, nicht nur für Venture Capital Investment Fonds.

Kopenhagen steht für eine ganz neue Balance zwischen den physischen und gedachten Räumen, die eine Gesellschaft ausmachen. Für ein neues Zusammenspiel zwischen Menschen und Märkten.

Ich glaube, dass wir alle uns eine neue Balance wünschen. Und ich beobachte jeden Tag, dass sie auch zunehmend eingefordert wird. Die Bedürfnisse, die in Kopenhagen zur Werbefreiheit geführt haben, gibt es nicht nur dort. Auch in Deutschland sind die Menschen genervt von dem, was wir »Werbung« nennen. Nicht immer natürlich, und nicht von allen Werbemaßnahmen gleichermaßen. Aber von der aufgezwungenen Dröhnung, die viele Marken uns immer noch verpassen, als gäbe es keine Alternativen.

> ## In Kopenhagen sind Marken für die Menschen da.

Noch kommen viele damit durch. Aber die Zeiten ändern sich. Die Werbewelt ist in einem radikalen Wandel begriffen. Dieser Wandel ist das Thema dieses Buches. Es liefert Antworten auf die Frage, wie Marken in Zukunft erfolgreich kommunizieren.

Natürlich können Sie als Brandbuilder die Meinung vertreten: Warum etwas ändern? Funktioniert doch noch, jedenfalls oft genug. Oberflächlich betrachtet mag das stimmen. Menschen lieben Marken, und die meisten sind bereit, echte Beziehungen zu ihren Marken einzugehen. Was sie allerdings nicht lieben und immer weniger dulden, sind Marken, von denen sie unfreiwillig nach den immer gleichen alten Mustern zugedröhnt werden. Das ist nicht anders als in jeder anderen Beziehung: Wer nervt, fliegt raus.

Und nichts nervt mehr als vieles von dem, was wir früher als »kreativ« bezeichnet haben. Die Tage der Werbung, wie wir sie kannten, sind gezählt. Sie funktioniert nicht mehr.

Die »kreative« Kampagne, der geniale Wurf, das nie dagewesene Key Visual, die Knaller-Idee: Das war früher der heilige Gral der Werber. Wer den Vogel abschoss, oder wenigstens den Melittamann, durfte sich auf den zahlreichen Preisverleihungen der Branche feiern lassen.

Manche Unternehmen glauben bis heute, dass die eine kreative Kampagne reicht, um ein Produkt zu verkaufen und quasi nebenbei die Marke unsterblich zu machen. Und manche Agenturen leben davon – bis heute.

Hinter den Kulissen aber rumort es seit Langem gewaltig. Sowohl bei den Werbern als auch bei den Marken, die allen Grund haben, an der Allmacht des genialen Wurfs zu zweifeln. Weite Teile der Agenturlandschaft fallen seit Jahren schleichend in sich zusammen. Der Albtraum vom Agentursterben sorgt insbesondere bei den Branchenriesen für schlaflose Nächte.

Die Unternehmen haben gemerkt, dass mit den alten Mitteln oft nicht mehr die Marktdurchdringung zu erzielen ist, die den großen Aktivierungskampagnen traditionell zugeschrieben wurde. Was nicht heißt, dass es diese Kampagnen nicht mehr gibt. Es gibt sie nur viel seltener, und es gibt plötzlich so viele andere Möglichkeiten als das politische zentrierte Mediageschäft um die TV-Sendeplätze und das Anzeigengeschäft.

Und warum das alles? Weil das, was wir früher Werbung nannten, weder die Bedürfnisse der Konsumenten noch die Bedürfnisse der Marken zu bedienen in der Lage ist. Einfach nur werben – das reicht nicht mehr. Den Menschen da draußen, den neuen hybriden Kunden, ein Produkt einfach aufdrücken zu wollen, ist immer öfter vergebliche Liebesmüh: Sie lassen sich davon nicht mehr beeindrucken. Sie wollen verstanden werden. Nicht angeworben, sondern ins Bild gesetzt. Über die Marke, über das Warum und Wozu. Sie wollen da kaufen, wo man auf gleicher Wellenlänge ist, wo man sich für sie interessiert, und nicht nur für ihre Kreditkarte.

Weil wir alle vernetzt sind und auch von Marken erwarten, dass sie jederzeit zugänglich sind, kann kein Unternehmen sich diesem Anspruch dauerhaft entziehen. Der Kunde sucht nicht, der Kunde will gefunden werden. Seine Aufmerksamkeit bekommen wir nur, wenn wir ihn mit Content abholen, für den er sich tatsächlich interessiert. Seine Interessen lässt er sich nämlich genauso wenig aufdrücken wie ein Produkt.

Ach so, Content, na dann ist ja gut. Content können wir, wir sind ja kreativ. Pflastern wir das Netz mit Content und machen uns unübersehbar!

Alles, bloß das nicht. An diesem Punkt wird es nämlich interessant: Ja, Marken müssen sich zu erkennen geben, müssen zugänglich und spürbar und offen sein, und sie müssen auf ihre Kunden zugehen. Gleichzeitig dürfen sie eins aber auf gar keinen Fall: aufdringlich sein. Nervige Werbung ist im Zeitalter der Digitalisierung der Todesstoß für das Markenimage. Dabei ist »nervig« gar nicht mal so subjektiv, wie man meinen könnte: Für die Erkenntnis, dass Banner und Pop-ups nerven, brauche ich keine statistische Erhebung.

Und jetzt haben wir den Salat: Auf der einen Seite haben wir es mit aufgeklärten Konsumenten zu tun, die als Kunden in keine Schublade mehr passen und mit den alten Mitteln nicht mehr abgeholt werden können. Alles, was Werbung früher war, schlägt bei diesen Kunden keine Saite mehr an. Marketing und PR, wenn sie sich der gleichen alten Glaubenssätze bedienen, genauso wenig. Und auf der anderen Seite sind wir aufseiten der Unternehmen mit einer wachsenden Zahl von Entscheidern konfrontiert, die das gemerkt haben und nach neuen Lösungen lechzen. Die wollen, dass ihre Marken wieder wahrgenommen werden und den Sprung in die neue Markenwelt schaffen. Das betrifft jeden, der heute mit Aufgaben der Markenkommunikation betraut ist – ob im Unternehmen selbst oder in den Agenturen. Wir haben es mit neuen Anforderungen zu tun, und wir müssen ihnen gerecht werden.

> Die neue Markenwelt gibt es nämlich längst.

Die neue Markenwelt gibt es nämlich längst. Wo auch immer Sie gerade sitzen, schauen Sie sich mal um: Ich wette, Sie müssen noch nicht mal den Arm ausstrecken, um mittendrin zu sein in der Markenmatrix. Heute ist alles Marke, und ohne Marke ist alles nichts. Wir sind nicht nur von Marken umgeben, wir sind auch selbst welche. Markenkommunikation ist für viele längst mehr als eine Arbeitstechnik; es ist eine Lebenshaltung geworden. Sich am Markt – an welchem Markt auch immer – durchzusetzen, wird jeden Tag schwieriger, und gleichzeitig jeden Tag begehrlicher.

Egal, ob wir als Brandbuilder extern in Agenturen sitzen, innerhalb eines Unternehmens mit Kommunikationsaufgaben betraut oder als Markenentscheider mit diesen Herausforderungen konfrontiert sind: Wir brauchen Lösungen, und wir brauchen sie schnell.

Was wir brauchen, ist ein Programm, das wir nicht morgen wieder über Bord schmeißen müssen. Eines, das adaptiv ist und Marken in die Lage versetzt, sich genauso flexibel zu verhalten wie die neuen Konsumenten, ohne dafür jede Woche die Marke neu zu erfinden. Auch darauf stehen die Konsumenten nämlich gar nicht: Genauso wie sie müssen auch Marken dazu stehen, wer sie sind. Sie müssen ihren Markenkern kommunizieren können.

Blöd, wenn man dann nichts zu sagen hat. Ganz blöd auch für den Absatz. Der Kunde will nämlich was hören. Nicht über eure Produkte, liebe Marken, nicht über eure USP. Sondern darüber, was euch mit ihm verbindet. Warum er sich mit euch auf eine Beziehung einlassen sollte. Wenn ihr in sein Wohnzimmer wollt, an seine Wäsche und in sein Bett, dann müsst ihr ihm erst mal den Hof machen. Er mag morgen mit jemand anderem schlafen, aber einziehen darf nur, wer auf seiner Wellenlänge ist. Unter all den austauschbaren Angeboten an den ausdifferenzierten Märkten müssen wir bei ihm die Bereitschaft erzeugen, sich ernsthaft mit euch auseinanderzusetzen, damit er euch richtig kennenlernt. Damit er merkt, dass ihr es ernst mit ihm meint und eine Rolle in seinem Leben übernehmen wollt.

Ihr wollt sein Commitment? Committet euch. Hört auf zu nerven und nur aufzutauchen, wenn ihr was wollt. Übernehmt Verantwortung und lasst euch endlich auf eine echte Beziehung ein: Brandship.

Was brauchen Marken dafür? Die Einsicht, dass wir (fast) alles vergessen müssen, was Werbung früher war. Markenkommunikation ist mehr als ein Satz an Kreativtechniken, nämlich eine Haltung. Brandship ist das Ziel, und es ist auch der Weg. Ein Programm, das im Kern der Marke ansetzt und nach außen abstrahlt. Das hat massive Auswirkungen auf die Anlässe, die Inhalte und die Formen der Kommunikation – und auch auf die Job-Beschreibung all jener, die Markenkommunikation betreiben. Sowohl im Unternehmen als auch in den Agenturen.

Wir brauchen neuen Content für neue Konsumenten – und die Bereitschaft, ständig mit Updates zu experimentieren. Wir brauchen neue Partner – auch und gerade solche, die mit Markenkommunikation eigentlich nichts am Hut haben. Wir brauchen Botschaften – nicht zwingend »neue«, sondern echte. Wir brauchen Geschichten, aber wir müssen sie nicht mehr erfinden. Wir brauchen die Bereitschaft, den Vorhang zu lüften. Wir brauchen neue Verkäufer, die den Kunden neue Erlebniswelten anbieten. Wir brauchen neue Prozesse, die lange vor der eigentlichen Kommunikationsmaßnahme ansetzen. Wir brauchen, ja, auch einen Ansatz fürs Digitale – nur nicht den, nach dem alle gerade verzweifelt suchen. Und wir brauchen neue Talente, die ganz anders kreativ sind als die »Werber« der alten Schule.

Bye, bye, alte Werbewelt! Deine Zeit ist gekommen. Jeder Gassenhauer nervt irgendwann. Wir müssen auf zu neuen Ufern: Werbung, jetzt auch ohne Werbung.

DIE NEUEN VERKÄUFER: VON MENSCH ZU MENSCH

Gewagte Outfits: High Heels, Neon, Schlangen-Print: Vier Tage lang wurde sie fotografiert und gefilmt, vier Outfits musste sie dafür aus ihrem Schrank fischen. Und Tag für Tag trat die 44-Jährige in gewagteren Kleidern vor die Presse. [...] Während sie zum signalroten Dress lilafarbene Pumps kombinierte, fiel ihr Schlangenkleid durch einen neongelb gefärbten Saum auf.[1]

Da hat jemand der Presse einen echten Hingucker geliefert. Die Fashion-Analyse von Red-Carpet-Events ist ja längst zu einem zentralen News-Genre avanciert. Kaum ein gesellschaftliches Ereignis bleibt davon verschont – ganz gleich, ob Lady Gaga, Michelle Obama oder Uschi Glas über den Filz paradieren. Sogar Oma will das wissen: Was trägt sie heute? Ist sie auf meiner Wellenlänge? Hat sie mir etwas zu sagen?

Die Sache ist nur: Hier geht es nicht um die Fashion Week, nicht um Heidi Klum für Schwarzkopf, ja nicht mal um einen roten Teppich. Der Ausriss stammt aus der Berichterstattung über den Uli-Hoeneß-Prozess im Frühjahr 2014 in München. »Sie« ist kein Model, kein Hollywoodstarlet und auch keine First Lady. »Sie« ist die Judikative.

Richterin Andrea Titz, Gerichtssprecherin des Oberlandesgerichts München, ist die Justitia für das 21. Jahrhundert. Die Frau, die ihren Berufsstand vom Barbara-Salesch-Trauma erlöst. Die Ikone, mit der keiner gerechnet hat, und die genau deshalb gefühlt mehr Neuigkeitswert hat als das vorhersehbare Urteil im Promi-Steuerprozess. Sie steht hinter diesem Urteil, vor der Kamera und für die gerechte Sache, denn die Rechtsprechung vertritt den Willen des Volkes. Andrea Titz verkauft uns diesen Prozess, als ginge er uns wirklich etwas an. Diese Richterin blickt uns in die Augen und spricht Recht. Von Mensch zu Mensch.

Die Justiz ist nicht der einzige Schnittpunkt von Individuum und Gesellschaft, an dem es plötzlich menschelt. Überall poppen Gesichter auf, wo früher Logos waren. In der Werbung sowieso. Doch nicht nur dort. Sogar Google, die omnipotente Datenkrake, verhält sich plötzlich wie ein Welpe mit großen Knopfaugen: Der tut nix, der will nur spielen. Schau, der läuft

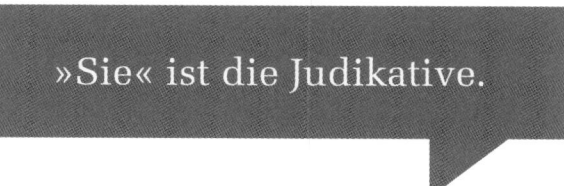

»Sie« ist die Judikative.

in deinem Haus rum und schnüffelt an jeder Schublade. Wie kann man da böse sein? Welpen sind so, und trotzdem Teil der Familie. Ist Google auch, mittendrin im Smart Home, und erfreut die Familie mit seiner Anhänglichkeit. Grenzenlos loyal, so ein Hündchen; dem verweigern wir schließlich auch nicht das Futter, wenn er mal Mist baut.

Es gibt solche und solche Menschen, und deshalb gibt es auch solche und solche Beziehungsstrategien in der Markenkommunikation. Überall tauchen sie auf, diese neuen Verkäufer, manche aggressiv oder direkt und manche ganz subtil.

Was tragen sie? Sind sie auf unserer Wellenlänge? Was haben sie uns zu sagen?

BAUCHLADENFREIE ZONE

Offensichtlicher ist, was die neuen Verkäufer uns nicht zu sagen haben: Sie reiben uns keine Produkte mehr unter die Nase. Oft treten sie uns mit leeren Händen unter die Augen. Stattdessen blicken sie tief hinein, als wollten sie suggerieren: Alles, was du wissen musst, steht mir ins Gesicht geschrieben.

Und tatsächlich: Oft steht es da, mehr oder weniger unmissverständlich, manchmal auch nur dem treuen Follower zugänglich. Nichts ist so aufreizend subtil wie eine stille Übereinkunft. Um USP, Schwarz auf Weiß und mit Soundeffekt, geht es dabei nicht. Andrea Titz kommt in Rot und mit einer Botschaft. Angelina Jolie, UNICEF-Botschafterin und Übermutter, in Schwarz – und mit einer Botschaft. TechNick kommt mit Bart – und einer Botschaft.

Die mehr oder weniger konsequente Produktlosigkeit ist der augenfälligste Unterschied zu den alten Verkäufern, denn die waren stets mit Bauchladen unterwegs. Heidi Klum mit schussbereiter Spraydose. George Clooney mit dem Espresso in der Hand. Barbara Schöneberger hat für die Backstage-Schwofe zwischendurch immer den Kartoffelsalat in der Handtasche.

Und Andrea Titz hat immer was an, aber darum geht es nicht. Angelina Jolie hat manchmal wenig an, doch das ist nicht der Punkt. Emma Watson hat Stil, doch vor allem hat sie eine Meinung. Die Brand Ambassadors sind nicht wegen des Geldes gekommen, sondern wegen der Aufmerksamkeit für ihre Botschaft.

Das ist der New Deal zwischen Marken und ihren Botschaftern: ehrliche Identifikation und glaubhaftes Engagement gegen Plattform und Öffentlichkeit. Die unschätzbare Rendite aus diesem Deal ergibt sich für beide Seiten von selbst – durch den Faktor Publicity.

Infolge der Inflation des Star-Begriffs eignen sich heute bei Weitem nicht nur Promis als Markenbotschafter. Im Gegenteil: Normalos mensacheln leichter. Oft braucht es gerade kein bekanntes Gesicht, sondern die Familie von nebenan, der wir beim Frühstück durch die Terrassentür zuschauen können. Schwere Zeiten für Stars und Sternchen.

THE RETURN OF THE KÜCHENTISCH

Nichts ist sozialer als Essen. Unsere Mahlzeiten teilen wir mit Menschen, die uns wichtig sind – ganz besonders beim Familienfrühstück. Wer Zugriff auf unser Frühstück hat, gehört praktisch zur Sippe. Für eine Marke im Frühstücksbusiness ist das eine Steilvorlage.

Bei Nutella, der Frühstücksmarke schlechthin, übernimmt die Ansprache von Mensch zu Mensch seit 2011 die Nutella-Familie – vier Menschen wie du und ich, die sich eigentlich nur durch ihre sympathische Durchschnittlichkeit auszeichnen. Die Normalos lösten einen prominenten Mar-

kenbotschafter ab: die deutsche Fußball-Nationalmannschaft. Ein Rück-
schritt, könnte man meinen. Doch die Werbewelt ist nicht mehr so, wie sie
einmal war. Immer mehr Marken definieren sich nicht mehr ausschließlich
über Awareness, sondern zusätzlich immer häufiger über die Nähe zum
Kunden. Die Abkehr vom bekannten Promi-Gesicht und die Hinwendung
zum vertrauten Gesicht von nebenan ist für viele Marken ein logischer
Schritt auf diesem Weg. Das Mantra lautet nicht mehr: Kenn ich, kauf ich,
sondern: Glaub ich, kauf ich. Glaubwürdigkeit ist nicht mehr Kür, sondern
Pflicht, wenn eine Marke bei mir mit am Küchentisch sitzen will. Wie realistisch ist schließlich die Vorstellung, sich morgens mit Manuel Neuer
ums Nutella-Brot zu streiten?

Das bigger nicht better ist, wenn es ums Essen geht, haben auch andere
Marken inzwischen realisiert. Die industrielle Abstraktion, die die Nah-
rungsmittelbranche in den vergangenen Jahrzehnten geprägt hat, ist mit
den neuen Ansprüchen der Konsumenten an ihre Ernährung nicht mehr
kompatibel. Schon gar nicht mit der Renaissance der sozialen Funktion von
Mahlzeiten. Die Unzahl von Kochshows im Fernsehen, deren Hauptprota-
gonisten oft gerade nicht prominent sind, ist dafür nur ein Indiz.

Ein anderes sind die zahllosen Ausprägungen des Food Socializings,
allen voran das Konzept der Running Dinners: Zum Teil wildfremde Menschen nehmen jeweils einen Gang bei einem Gastgeber ein, bevor sie aufstehen und den nächsten Gang gemeinsam bei einem anderen Teilnehmer serviert bekommen, und so weiter. Das Essen ist der Star, doch die Verbindung
entsteht durch die Begegnung am Esstisch. Die Nutella-Familie setzt auf
denselben Effekt. Gemeinsam essen heißt: auf derselben Wellenlänge sein.

Auf die Intimität der Ernährung setzt auch ein Konzept, das erst kürzlich aus Frankreich nach Berlin Kreuzberg geschwappt ist: der Bauernmarkt 2.0.[2] Er steht für die Aufhebung der industriellen Abstraktion der
Nahrungsmittelkette durch die Wiederannäherung zwischen Konsument
und Erzeuger. Über Jahre war die Präsenz der Lebensmittelkonzerne in den
Medien vor allem von wechselnden Skandalen geprägt, die so gar nicht
zu den hübschen, stilisierten Kampagnen passen wollten. Wer sollte angesichts Schweinepest-News und Vogelgrippe-Schlagzeilen noch die Mär
vom glücklichen Schwein glauben, dass rosa und gesund über eine grü-

ne Wiese bummelt? Die Konsumenten wendeten sich ab. Seitdem rücken immer mehr neue Erzeuger nach und drängen in die Vertrauenslücke. Für große Lebensmittelkonzerne mit Massenproduktion dagegen wird es immer schwerer, kritische Konsumenten davon zu überzeugen, dass ihre Produkte gesundheitlich unbedenklich, landwirtschaftlich nachhaltig und ethisch vertretbar sind. Selbst Johannes B. Kerner hat nach acht Jahren eingesehen: Gutfried kann gar nicht gut für mich sein.

Vorhang auf für die neuen Bauern: Der Bauernmarkt ist wieder da. Nur anders als früher, ökologischer als je zuvor und verdammt modern. Die neuen Lebensmittelverkäufer setzen auf das uralte Hand-in-Hand-Prinzip der Nahrungsmittelkette.

>>Im Grunde handelt es sich um Netzwerke, innerhalb derer Leute mit den gleichen Interessen zusammenfinden und sich mit guten, sauberen und fairen Lebensmitteln versorgen. Sie sind Teil einer neuen Esskultur, zu der ein Hobby namens Genuss gehört und die das Lebensmittelhandwerk, Hofläden sowie Markthallen wiederentdeckt. Das Internet hilft dabei.<<[3]

Das Internet? Ja, genau. Zu den erfolgreichsten Modellen unter den transparenten Erzeugern gehört Food Assembly. Letztlich handelt es sich um einen Onlineshop – nur dass man nicht bei unbekannten Lieferanten einkauft, sondern direkt bei Bauern aus dem Umland. Die online bestellten und online bezahlten Lebensmittel landen an einem Versammlungspunkt um die Ecke, wo man sie beim wöchentlichen Zusammentreffen, >>moderiert<< von einem Gastgeber, persönlich abholen kann. >>Gib deinem Bauern die Hand!<< ist das Motto der Plattform.[4]

Vom Bauern direkt in den Einkaufskorb – kürzer könnte der Draht für den anspruchsvollen Städter nicht sein. 2010 in Frankreich gegründet, hat das Netzwerk heute europaweit bereits über 100.000 Mitglieder.[5] Schon elf Anlaufstellen gibt es in Deutschland, wo das Modell erst kürzlich gestartet ist; allein in Berlin sind bereits sieben weitere im Aufbau. Vorteil für die Bauern: Im Vergleich zu den winzigen Margen, die sie von Großkonzernen bekommen, können sie bei der Assembly Mindestbestellmengen festlegen und so sicherstellen, dass der Deal sich lohnt. Für den Konsumenten wird es im Schnitt trotzdem nicht teurer als im Bio-Supermarkt. Lange Transportketten entfallen, die Produkte sind nie weiter als 250 Kilometer gereist. Das Modell treibt die Forderung nach Nachhaltigkeit auf die Spitze.

Vor allem aber überzeugt es die Kunden durch Glaubwürdigkeit, denn die Interaktion findet hier wieder mit Augenkontakt statt: »Dadurch, dass beim Treffen selbst kein Geld im Spiel ist, steht der persönliche Kontakt im Vordergrund, der Austausch«, wird Geschäftsführer Blumenthal Vargas zitiert.[6]

Das Essen kennenlernen und sich über das Essen kennenlernen: Die neuen Direktverkäufer sind am Puls der Zeit. Sie nutzen die Möglichkeiten, die das Netz bietet, und konzentrieren sich dafür wieder auf ihre Kernkompetenz: gutes Essen auf die Tische der Community zu bringen. Wie früher im Dorf. Erzeugerhandel mit Socializing-Bonus – wie damals, als Oma die Eier noch vom Bauern holte und einen Plausch über die Ernte hielt. Von Mensch zu Mensch, und doch ganz 2015.

Die Lebensmittelgroßkonzerne wiederum müssen sich einiges einfallen lassen, um dem Bedürfnis nach Nähe seitens der Kunden zu entsprechen. Coca-Cola hat sich damit zunächst erkennbar schwer getan und ringt noch um eine passende Strategie. Die Marke verliert seit Jahren kontinuierlich an Relevanz. Sie kann die Menschen nicht mehr in derselben Form erreichen wie früher, als Awareness ausreichte. Der Grund ist das McDonald's-Syndrom: Nahrungsmittel, die die neuen Standards bewusster Ernährung nicht mehr erfüllen, sind bei der wachsenden Zahl der bewussten Esser ganz einfach out. »Genuss mit gutem Gewissen«: So ließe sich das Kriterium umschreiben. Da hat McDonald's ein Problem, und deshalb seit einiger Zeit Salate. Coke hat ein ganz ähnliches Problem – böser Zucker und so. Und deshalb Coke Zero, für die dann auch der Supersportler Manuel Neuer werben muss.

Nur wird aus Coke auch ohne Zucker kein gesundes Nahrungsmittel mehr. Nicht einmal mit Stevia – dem letzten Hilfeschrei im Sortiment. Die Menschen müssen anderswo andocken, so wie bei Nutella. Coca-Cola muss jedoch zurück an den Küchentisch, wenn die Umsatzzahlen stimmen sollen. Dahin, wo man noch von Mensch zu Mensch spricht. Offline, quality time, Coke auf dem Tisch. Das ist schön. Das menschelt sogar in Muttis Augen ganz herrlich, und die macht schließlich den Einkaufswagen voll.

So zeitgemäß diese Erkenntnis der Coke-Strategen ist: Die Umsetzung ließ bislang noch zu wünschen übrig. Der Multi-Konzern hat also herausgefunden, dass Menschen es gern gesellig haben und Essen mehr ist als Nahrungsaufnahme. Nur versteht der Konsument nicht, was er mit dieser Marktforschungsübersetzungsinitiative in ihrer aktuellen Form anfangen soll. Sich mit einer Kampagne anzubiedern, bei der statt des Coke-Logos statistisch signifikante Vornamen auf der Dose prangen – »Trink 'ne Coke mit Stefan!« – tut nichts für die nachhaltige Kundenbindung, auch wenn es einen momentanen Kaufimpuls erzeugt. Dass die Dosen weggingen wie warme Semmeln, liegt an ihrem Gag-Faktor und ihrem viralen Potenzial. Für die Absicht, den Anker in der Mitte der Gesellschaft zu werfen, tut die Aktion eher wenig. Der Vorname hätte auch auf jeder anderen Dose, auf jeder Zigarettenschachtel und auf jeder Packung Kaugummi stehen können; die Strategie erzählt mir nichts über die Marke.

Ausgerechnet Nutella versuchte sich an der gleichen Idee, hat in der Umsetzung jedoch weiter gedacht: Der TV-Spot mit dem jüngsten Spross der Nutella-Familie, der für jede seiner Freundinnen ein personalisiertes Etikett aufs Glas klebt, erzählt immerhin eine Geschichte aus dem (Familien-) Leben.

VERSCHWIEGENE CHAMPIONS: WENIGER IST MANCHMAL MEHR

Keine Marke ist näher ans uns dran als eine, über die wir in Verbindung bleiben. Eine Marke, über die wir unsere Kommunikation abwickeln, ist mit besonderen Ansprüchen konfrontiert: Sie soll uns das Quasseln so einfach wie möglich machen und ja keine Silbe verschlampen, dabei aber bloß nicht mithören. Der Whatsapp-Datenskandal hat gezeigt: Wenn es um die Privatsphäre geht, dürfen nicht die Daten der User im Mittelpunkt stehen, sondern die Sicherheit. Online-Artikel über die Privacy-Einstellungen bei Facebook haben mehr Klicks als jene über die europäische Finanzkrise.

Wir wollen dem vertrauen können, dem wir unsere Geheimnisse anvertrauen, um sie unseren Freunden anzuvertrauen. Am besten macht sich der Bote dabei so schlank wie eine unschuldige weiße Brieftaube. Je größer die Company, desto größer die Sorge: Die machen ihre Millionen doch mit *meinen* Daten! Seit sich herausgestellt hat, dass die amerikanische National Security Agency (NSA) von den meisten (amerikanischen) IT-Konzernen mit Daten beliefert wurde oder wird, ist die Skepsis noch mehr gewachsen.

Wie kann ein Unternehmen kommunizieren, um an diesem Markt Vertrauen zu gewinnen und Menschen zu binden? Die Antwort liefert der größte Gewinner des Whatsapp-Skandals, der Schweizer Chatprovider Threema: so wenig wie möglich.

Je größer, präsenter und protziger, desto verdächtiger. Je schlanker, unauffälliger und seriöser, desto sicherer. Die Kommunikation »von Mensch zu Mensch« ist bei Threema. keine Strategie, sondern das Produkt. Und deshalb hält Threema sich zurück, um nicht zu stören. Die Schweizer konzentrieren sich auf ihre Kernkompetenz: Verschlüsselung. Sicherheit. Seriosität. Swissness. »Seriously secure messaging.«[7] lautet der Claim, und endet mit einem Punkt, wie auch der Firmenname. Kein Fragezeichen, kein Ausrufungszeichen, ein Punkt. Ganz sachlich. Ganz klar. Keine Fragen.

Die Website der Schweizer[8] fällt entsprechend neutral aus: Fast vollständig in schwarz-weiß gehalten, spiegelt sie die minimalistische Philosophie der App: Wir sind keine Plaudertaschen. Nur das Nötigste, ein paar Sätze über Qualität und Verlässlichkeit, ansonsten dicke Mauern. Für die Presse und den anspruchsvollen Sicherheitsfanatiker gibt es statt großspurigen Referenzen ein Whitepaper über Kryptografie.[9] Botschaft: Wir wissen, was wir tun.

Fast der einzige Farbtupfer auf der Präsenz: das Schweizerkreuz. Es steht neben dem Satz: »Made in Switzerland.« Heißt: Server in der Schweiz, Software aus der Schweiz. Eine sichere Bank.

Auch die User-Experience zielt auf die Begegnung von Mensch zu Mensch, bewacht von der Schweizer Informatikergarde: Die Threema-ID unserer Kontakte scannen wir von deren Bildschirm, bei der nächsten persönlichen Begegnung. Erst dann bekommen sie drei grüne Punkte, die höchste und für alle User sichtbare Sicherheitsfreigabe. Nicht einmal der Serverbetreiber kann mitlesen, so sicher ist die Verschlüsselung.

Presseabteilung? Ein PDF auf der Website reicht. Marketing? Wird nicht gebraucht. Die Visitenkarte von Threema ist die Mensch-zu-Mensch-Propaganda der Sicherheitsfanatiker nach jedem neuen Datenskandal. Die schweigsamen Schweizer sind die perfekten Boten. Sie sind gar nicht da. Das Menscheln überlassen sie uns. Und doch hat der Nutzer das Gefühl, als könne er sie sehen: eine Handvoll perfektionistische McGyvers mit Schweizermessern in Karohemden hinter der stahlbewerten Tür des Serverraums mit drei Meter dicken Mauern. Mit ernstem Gesicht klicken sie schweigend vor sich hin. Notfalls verteidigen sie ihre Server-Höhle mit den Flinten unter ihrem Bett, das gleich neben den Servern steht. Wie das bei den Schweizern so üblich ist. Das ist mein Grundstück.

Wem vertraue ich mein Liebesgeflüster und andere Interna an: Den verschwiegenen Schweizern oder den Datensammlern und NSA-Handlangern? Klare Sache: Denen, die im Zweifel dichthalten. Sagten sich (und einander flüsternd in allerlei Foren) Zigtausende Nicht-unbedingt-gleich-Verschwörungstheoretiker, als das laute, neongrüne, großspurige Whatsapp eine Sicherheitslücke einräumen musste. Sagte auch die Stiftung Warentest, die bei einem Vergleichstest von Chat-Apps einzig Threema als unkritisch einstufte.[10] »WhatsApp in der Vertrauenskrise«, stellte die Presse aus diesem Anlass fest.[11] Daten sind nicht mehr egal, und werden es immer weniger sein.

Vertrauen, von Mensch zu Mensch, erwirbt man in der Krise. Manchmal ist Schweigen vertrauensseliger als Reden. Wie es ein guter Freund tun würde, wenn es drauf ankommt: Keine Sorge, bleibt alles unter uns. What happens in Switzerland stays in Switzerland.

Der Null-Ansatz von Threema ist eine Ausnahmeerscheinung der Markenkommunikation – und doch ein Best-Practice-Beispiel für glaubwürdige Kundenbindung. Es gibt Zielgruppen, die erreicht man am besten, indem man die Klappe hält.

ANONYMITÄT IST SEIN KRYPTONIT

Die Klappe zu halten ist nicht jedermanns Sache. Einer wie Richard Branson, omnipotenter Gründer des Virgin-Imperiums und einer der bekanntesten Unternehmer auf dem Planeten, fällt genau dadurch positiv auf, dass er nicht die Klappe hält. Er ist sein eigener Verkäufer. Obwohl inzwischen einer der alten Hasen des Großkapitalismus, menschelt er auf seine eigene Art wie kein Zweiter – und sehr zeitgemäß. Sein Name und sein Gesicht reichen aus, um von Handyverträgen über Flugtickets bis hin zu Weltraumreisen alles zu verkaufen, ohne sich wie ein Verkäufer aufzuführen.

Branson, der Milliardär mit Privatinsel, ist einer von uns. Verrückt, oder? Er kann, was nicht einmal Steve Jobs konnte: Seine eigene Ikone sein, ohne zu mauern. Er *ist* die Virgin Group, oder »Virgin Family«, wie er sein Unternehmenskonsortium nennt. Mit dem Nachteil, dass Virgin Enterprises ohne ihn nichts ist, denn er ist auch die Story. Der Brite ist immer mitten im Geschehen: Wenn es Rekordzahlen zu verkünden gilt und auch, wenn eine seiner Unternehmungen den Bach runtergeht.

Als am 31. Oktober 2014 Bransons Lieblingsprojekt bei einem Testflug abstürzt, leidet keiner mehr als sein Schöpfer. SpaceShipTwo, ein lang gehegter Traum des Exzentrikers, endet als Trümmerhaufen in der Mojavewüste. Der Kopilot kommt ums Leben, der Pilot wird schwer verletzt. Die Bilder gehen um die Welt; der Schriftzug »Virgin Galactic« auf den Fotos ein dramatisches Symbol gescheiterten Unternehmertums. Ein herber Rückschlag für Bransons ehrgeizigstes Projekt. Mindestens 700 Neugierige hatten sich bereits für einen 250.000-Dollar-Weltraumflug angemeldet, darunter Brad Pitt.[12]

Branson reagiert, natürlich persönlich. Nur Stunden nach dem Absturz tritt er live in der Mojave-Wüste vor die Presse – betroffen, doch aufrecht. In seinem Statement[13] spricht er über die Risiken der Raumfahrt, über den Mut der verunglückten Piloten. Vor allem jedoch spricht er über Gemeinschaft: »together« ist, gleich nach »we«, das häufigste Wort in seinem Statement. Und Gemeinschaft heißt bei Branson nicht weniger als »the world at large«: »Wenn ich jeden einzelnen Menschen umarmen könnte, der im Laufe des vergangenen Tages Botschaften der Liebe, der Unterstützung und des Verständnisses gesendet hat, würde ich es tun.«[14] Geduldig stellt er sich den Fragen, wendet sich gezielt an die Öffentlichkeit, will reden. Der CEO von Virgin Galactic muss ihn schließlich regelrecht vom Mikrofon wegzerren. Branson hat noch etwas Wichtiges vor: Er will persönlich mit seinen 400 Angestellten in der Mojave-Wüste sprechen.

Andere hätten sich angesichts dieses Desasters versteckt und einen Sprecher vorgeschickt. Bei Branson läuft alles über den direkten Draht. Sein Projekt, seine Verantwortung, seine Tragödie. Er spricht zu den Familien, zu den Angestellten, zu den Journalisten, zu den Kunden. Über den Erfolg und über das Scheitern. Der Mann scheint keine Geheimnisse zu haben. Und deshalb hören wir ihm zu.

Ob Kunden, die sich für einen Raumflug registriert hatten, nun abspringen würden, wird er an jenem Tag in der Wüste gefragt. »Einen oder zwei mögen wir verlieren, aber es sieht nicht danach aus«, sagt er. »Jemand hat sich bewusst gestern als Astronaut angemeldet, um das Programm jetzt zu unterstützen.«[15] Dieser eine stützt ihn, dieser eine gibt ihm Kraft. Dieser eine – Kunde.

Man würde sich nicht wundern, wenn er mit jedem der 700 Kunden von Virgin Galactic schon mal einen trinken war. In nichts als Badeshorts gekleidet, so wie er Kamerateams auf seiner Insel herumführt. Als Branson nach dem Absturz von SpaceShipTwo einräumen muss, dass er dem verstorbenen Testpiloten nie begegnet war, ist das für ihn sichtlich der schwerste Moment der ganzen Pressekonferenz. Anonymität scheint sein Kryptonit zu sein.

Branson kann nur persönlich. Gut für ihn, gut für all seine Unternehmen. Jedoch: Kein Branson, keine Story, kein menschlicher Ankerpunkt mehr. Die Genies hinter der Marke, Menschen wie Jobs und Branson sind unter all den neuen Verkäufern die mit der größten Anziehungskraft und dem stärksten Bindungspotenzial. So lange, wie sie da sind. Danach wird es ungleich schwerer für ihre Marken, denn die müssen sich neu erfinden, wenn es ihnen plötzlich an ihrer Persönlichkeit fehlt. Anonymität ist ihr Kryptonit.

EIN FENSTER ZUR BRAND COMMUNITY

Kontinuität im Markenkern – früher hieß das einmal Tradition – wird immer wichtiger, denn sie ist eine Grundbedingung von Glaubwürdigkeit. Deshalb legen immer mehr Marken großen Wert darauf, die richtigen Menschen aus den richtigen Gründen einzustellen. Die besten Markenbotschafter sind schließlich die eigenen Angestellten. Transparenz an den Märkten bringt Transparenz am Arbeitsplatz mit sich. Die Kommunikation eines Unternehmens geht vielerorts längst weit über den nächsten Flight und die nächste Pressemitteilung hinaus. Und deshalb sitzen oder stehen die neuen Verkäufer immer öfter auch an Orten, wo man sie gar nicht erwarten würde. Zum Beispiel in der IT oder am Fließband.

Wie groß das Interesse an den Menschen hinter der Marke ist, zeigt die Entwicklungsgeschichte des Daimler-Blogs.[16] Die Kommunikation dieser Marke war jahrzehntelang an Figuren wie Formel-1-Fahrer und andere qualitätsaffine Hochleistungssportler geknüpft. Doch im Zeitalter der Vernetzung bleibt nicht einmal ein Mythos

> Kontinuität im Markenkern wird immer wichtiger.

wie der des silbernen Sterns von den Erfordernissen des Employer Branding verschont. Kein Markenauftritt ist komplett ohne Einblicke in das Unternehmen selbst und Zugriff auf seine Menschen, die Ausführenden hinter dem Logo.

Genau die sind die Absender beim Daimler-Blog, denn es sind in erster Linie Mitarbeiter aus den verschiedenen Abteilungen, die hier über ihre Projekte und Erlebnisse bloggen. Vom Praktikant über den Werksmitarbeiter bis zum Abteilungsleiter. Etwa 20 Prozent der Artikel verfassen Mitarbeiter sogar aus eigener Initiative, für die übrigen Beispiele sprechen die Macher gezielt Mitarbeiter an.[17]

Als Daimler den Blog 2007 schaltete, weil man das damals eben so machte, war er noch eher als sekundärer Verwertungskanal für Storys gedacht, die es nicht in die Berichterstattung der konventionellen Medien schafften. Der Gedanke, die Öffentlichkeit hinter die Kulissen blicken zu lassen, war damals schon da. Nur rechnete niemand damit, dass dieser Kanal sich als Zukunftsmotor für das Unternehmen erweisen würde. Die Überraschung kam gleich nach dem Launch: »Die Rubrik Einstieg und Karriere war von Anfang an die beliebteste inhaltliche Kategorie des Blogs«, zitiert t3n Uwe Knaus, Manager Corporate Blogging & Social Media Strategy bei Daimler.

Der Mitarbeiter-Blog verzahnt das Unternehmen ganz nebenbei auch mit dem Umfeld der Mitarbeiter, denn die teilen ihre Beiträge natürlich über ihre eigenen Netzwerke in den sozialen Medien. So verbreitet sich ohne weiteres Zutun die Kontaktbasis der Marke: Mit jedem Sharing-Vorgang steigt die Wahrscheinlichkeit, dass ein potenzieller Mitarbeiter schon jemanden kennt, der bei Daimler arbeitet. Das Unternehmen wird dadurch – gefühlt und real – zugänglicher. Für Kunden, für die Angehörigen der Markenangehörigen, für potenzielle Mitarbeiter. Wenn die demografische Lücke in den nächsten Jahren größer wird, ist das von unschätzbarem Wert: als reizvolle Arbeitgebermarke positioniert zu sein, deren Angestellte die Markenidentität stolz nach außen tragen.

So wie Alexander Mankowsky, der bei der Daimler AG Zukunftsforschung betreibt. In seinem Blogbeitrag berichtet er vom Auftritt der Marke bei der CES 2015 in Las Vegas – der größten internationalen Elektronikmesse für Endverbraucher. Stolz berichtet er, wie das Unternehmen mit seiner Konzeptstudie eines Zukunftsfahrzeugs gegen starke Konkurrenz sämtliche Preise abgeräumt hat, die die Messe für die Autobranche zu vergeben hatte. Und erklärt auch gleich warum: „Was wir dem Wettbewerb offensichtlich voraushatten, waren Menschen und Ideen, und das wurde honoriert.«[18] Auch einen subtilen Hinweis, dass alle Innovation aus dem Hause Daimler sich um den Menschen drehen, vergisst er nicht, als er die Auftritte anderer Hersteller unter die Lupe nimmt: »Connected, smart, wearable, Internet of Things (IoT) – sehr schön, aber der Mensch fehlte.« Und dann noch einmal, weniger subtil, über den eigenen Markenauftritt:

»Den Menschen in der Vision zukünftiger Mobilität in den Mittelpunkt zu stellen, nicht die Technik, diese Botschaft wurde verstanden.«[19]

Diese und alle anderen Botschaften von Mitarbeitern auf dem Firmenblog könnte man auch über die klassischen Kanäle der Presseabteilung verbreiten. Doch einen Überblick über die CES, eine persönliche Meinung zu Zukunftsthemen und einen Blick hinter die Kulissen des Messestands aus erster Hand zu erhalten, macht die gleichen Informationen vor allem für potenzielle Mitarbeiter weitaus interessanter: Mal eben nach Las Vegas, die Zukunftsvisionen der Tech-Welt als erster sehen, nebenbei noch ein paar Preise abräumen. Oder, wie ein anderer Blogger von einer Daimler-Partneragentur an gleicher Stelle berichtet: Die Supermodels in einem der aufregendsten Autos der Welt zu ihren Presseterminen zu begleiten und dabei an jeder Ecke Berlins fotografiert zu werden.

Meine Güte, muss das cool sein, für Daimler zu arbeiten.

Natürlich kann mir das alles auch die HR-Abteilung in einer Anzeige erzählen. Aber würde ich ihr glauben?

DAS NEUE VERKAUFEN: EINE LOVE AFFAIR

Fans der Marke, Kunden, Partner und auch potenzielle Mitarbeiter folgen solchen Kanälen letztlich aus demselben Grund: Sie wollen nah dran sein, mehr wissen als die breite Öffentlichkeit, und sie wollen es aus erster Hand. Warum? Weil sie dazugehören wollen. Sie sehen die Marke als Community und wollen möglichst unmittelbar dabei sein. Dieses Interesse wird immer stärker. Es ist der stärkste Andockpunkt, der einem Unternehmen in der neuen Welt der Markenkommunikation zur Verfügung steht.

Diese Kupplung greift nur von Mensch zu Mensch. Von Entwickler zu Technikfreak, von Zukunftsforscher zu Digital Native, von Mitarbeiter zu potenziellem Mitarbeiter. Es ist der soziale Rahmen, der die Geschichten der neuen Verkäufer zu mehr macht als einfach nur Werbung: der Rahmen des gemeinsamen Interesses, der die Grundlage für jede Art Community schafft. Von Kochfreaks über Teckies bis hin zu Autobegeisterten. Nicht mehr einseitige Abhängigkeit, sondern gegenseitiges Interesse.

Und das ändert alles.

Was Jeremy Rifkin bereits 2011 als »laterale Macht« bezeichnet und als zentrales Merkmal der Weltgemeinschaft nach der »dritten industriellen Revolution«[20] beschrieben hat, schlägt sich auch auf das Rollenverständnis nieder, welches das Verhältnis zwischen Unternehmen und Menschen in Zukunft prägen wird: »eine Gesellschaft, in der die Menschen Seite an Seite leben, gleichberechtigt, auf gegenseitige Hilfe angewiesen, in ständigem Austausch.«[21] Revolutionen, wie Rifkin sie kommen sieht, gehen immer mit einer Machtverlagerung einher. Er prognostiziert eine Verschiebung von einer radikalen Marktmacht hin zu einer empathischen lateralen Macht, in der Verbraucher und Erzeuger auf der gleichen Seite stehen.

Ganz gleich, ob Rifkin mit seiner »konkreten Utopie«[22] Recht behält: Seit der Entlarvung des Turbokapitalismus sind die Gemeinsamkeiten zwischen Marken und Menschen zunehmend stilprägend für die Art geworden, wie Kapital und Konsumenten einander begegnen. Immer mehr Unternehmen begreifen, dass sie menschlich auftreten müssen, um als glaubwürdige Partner wahrgenommen zu werden. Diese Art von Kommunikation kann nur auf Augenhöhe stattfinden. Je größer das Unternehmen, je abstrakter die Bindung, desto schwieriger.

Nicht nur Unternehmensmarken, sondern auch Institutionen versuchen auf diese Weise, ihre Kunden zu umarmen. Sogar die Justiz. Dieser Trend ist geboren aus dem Bedürfnis nach Nähe. Wir haben es entwickelt, weil die Welt sich immer mehr entfremdet: Krisen, Kredite, Digitalisierung. Selbst Google hat ernsten Schaden genommen, seit es als Verkörperung von Big Brother wahrgenommen wird – und denkt seither um.

Die Bauern auf der Food Assembly, die schweigsamen Schweizer von Threema, aber auch der Großkapitalist Richard Branson haben keine Angst vor der Augenhöhe. Sie wollen über den persönlichen Dialog Vertrautheit herstellen. Sie suchen die Nähe.

WAS ERNSTES FINDEN:
TIPPS FÜR BEZIEHUNGSWILLIGE MARKEN

Wo gemeinsame Interessen zählen, die eine Bindung erzeugen, reicht es nicht mehr aus, sich auf die Stiftung Warentest zu berufen. Um Menschen davon zu überzeugen, dass ich es ernst mit ihnen meine, muss ich mich ihnen menschlich nähern, nicht mythologisch. Das kann ich, als Marke, nur über »Verkäufer«, die das Forum ansprechen, zu dem ich gehören möchte.

BRANDSHIP-FAKTOR VERKÄUFER

DIE NEUEN VERKÄUFER STELLEN ALS DIALOGPARTNER NÄHE ZUR ZIELGRUPPE HER, INDEM SIE DER MARKE GLAUBWÜRDIG MENSCHLICHKEIT VERLEIHEN.

ZEIGEN SIE DEN MENSCHEN, DASS SIE AUF DER GLEICHEN ____ WELLENLÄNGE SIND:

· *Schluss mit dem durchschaubaren Verkaufen!* Verkaufen ist kein isolierter Vorgang zwischen Händler und Kunde mehr. Es dreht sich nicht einmal mehr in erster Linie ums Produkt. Betrachten Sie Verkaufen vielmehr als einen Effekt von Bindung.

Denken Sie langfristig! Wenn Sie Menschen an Ihre Marke binden wollen, müssen Sie sich als Partner interessant machen, nicht als schnelle Affäre. Machen Sie deutlich, dass Sie ernste Absichten haben – indem Sie einen echten Dialog anstoßen.

· *Neue Botschafter braucht das Land!* Stellen Sie Seelenverwandte Ihrer Marke vor die Kamera, die die Menschen ins Herz treffen, nicht ins Portemonnaie. Suchen Sie die Gesichter Ihrer Marke danach aus, was sie mit ihr verbindet und was sie den Menschen zu sagen haben.

Da schadet es natürlich nicht, wenn Justitia stilsicher wie eine Fashion-Ikone auftritt, die Lieblingsautomarke einen Preis nach dem anderen abräumt und ein junges Schweizer Start-up die Klischees der Swissness bedient. Das Verkaufen im klassischen Sinne mag nicht aussterben, und auch nicht die Verkäufer alter Prägung. Nur sind die finale Transaktion »Produkt gegen Geld« und klassische, verkaufsorientierte Werbemaßnahmen in Zukunft nur noch ein kleiner Teil der werbenden Kommunikation. Und es ist nicht der Teil, der Kunden magnetisch anzieht und nachhaltig bindet. Diesen Part, den wichtigsten der Interaktion zwischen Kunden, Mitarbeitern, Partnern und Marken, übernehmen die neuen Verkäufer – von Mensch zu Mensch.

Wir wollen wieder mit echten Menschen reden, wenn wir einkaufen gehen. Und wir wollen, dass diese Menschen auch mit uns reden, wenn wir gerade nichts einkaufen. Zweckgebunden ist Kommunikation immer. Erfolgsentscheidend ist in Zukunft die Frage, welchen konkreten Zweck Marken mit ihrer Ansprache verfolgen: Hardselling oder Heartselling? Das Produkt verticken, oder Menschen an die Marke binden?

Nicht geändert hat sich, dass Marken sich ins Gespräch bringen und im Gespräch bleiben müssen. Doch immer mehr von ihnen hinterfragen die Methoden auf ihre langfristige Wirkung. Auf den Bad Boy mit seiner Masche fällt man nur einmal rein, geheiratet werden die guten Typen. Die glaubwürdig sind, authentisch, empathisch. Die uns nicht überreden, sondern überzeugen. Andrea Titz sieht aufregend aus, aber hinter ihrem unkonventionellen Auftritt steckt geballte Kompetenz. Da freuen wir uns doch glatt auf den nächsten Steuerprozess.

Kommunikation ist nicht nur Verkaufen. Der Brandship-Faktor ist mehr als eine Verkaufsstrategie: eine tief greifende, langfristige Beziehung zwischen Mensch und Marke.

DIE NEUEN ERLEBNISWELTEN: INTERESSANZ STATT INTERMEZZO

Die Sonne scheint, das Meer rauscht, und der gestresste Manager streift barfuß durch den weißen Sandstrand. Den selbst gefangenen Fisch bereitet er entweder persönlich in der Küche zu oder schaut dem Koch über die Schulter. In kurzen Hosen statt im Anzug. Zwanglos, aber mit allem erdenklichen Komfort um ihn herum.[23]

Ach, Urlaub. Kommt selten genug vor – so ein Managerleben ist hart. Nichts könnte schöner sein als das hier: Siargao, eine von über 7.000 Inseln des philippinischen Archipels.[24] Eines der letzten noch weitgehend unberührten und doch erschlossenen Fleckchen auf dem Planeten. Mangrovenbäume, weiße Stände, kristallklares Wasser. Mittendrin ein Resort, nein, ein Dorf, wie es exklusiver nicht sein könnte: Neun Villen, errichtet aus lokalen Materialien von lokalen Handwerkern, die sich nahtlos in die atemberaubende Kulisse einfügen. Keine Villen, eigentlich, eher großzügige offene Hütten, nur eben vom Feinsten. Hier lebt er draußen, sogar wenn er drinnen ist, der gewohnheitsmäßige Maßanzugträger: ohne Schuhe und in kurzen Hosen. An den Palmen hängen kokonartige, tropfenförmige Gebilde; als hätten monströse, besser verdienende Insekten sich ein stilvolles Nest gebaut. Man kann sich darin ausstrecken, wenn man nicht gerade Tiefseetauchen ist, oder surfen in einem der besten Reviere der Welt. Ein Infinity Pool im Wellnessbereich, Bars, ein Freilichtkino. Naturummantelt. Aus der Luft sieht es aus, als wäre all das einfach aus dem Boden gewachsen. »Unser Anliegen war, so wenig wie möglich zu berühren«, betont Designer Jean-Marie Massaud.[25]

Jede Nacht in diesem Paradies kostet vierstellig, klar. Wer hierher kommt, schert sich darum nicht. Hierher kommen Menschen, denen die Ruhe mehr wert ist als Geld und die Natur mehr bedeutet als die Größe der

Suite. Leute, die das alles nicht mehr brauchen. Bitte keine nervösen Neu-reichen, die mit 17 Louis-Vuitton-Koffern anreisen und keinen Tag ohne Powershopping aushalten. Hier herrscht Ruhe, hier geht es um Entspan-nung. Wer auf dieser Insel bucht, bucht nicht in erster Linie eine Villa, die hat er auch zu Hause. Er kauft Zeit. Das Inselflair, die Entspannung.

Und, später von zu Hause aus, wahrscheinlich ein paar sündteure Mö-bel, um sich ein Stück vom Paradies auf die Terrasse zu stellen.

Wie bitte? Ja, genau: Dedon Island gehört nicht Richard Branson, nicht Ritz-Carlton und auch nicht einem jener Exklusiv-Veranstalter, die ihr Geld damit verdienen, Superreiche mit den verrücktesten Ideen zu bespaßen. Das Paradies auf den Philippinen wurde von Dedon erschaffen – einem Lübecker Hersteller von Luxusoutdoormöbeln, der seine handgearbeiteten Stücke aus »Dedon-Faser« auf den Philippinen produziert. Dedon Island ist, wenn man es altmodisch-nüchtern betrachtet, ein besonders exklusiver Showroom.

Wer nicht weiß, dass die Kokons an den Palmästen und die Sofaland-schaften in den Villen von Dedon stammen, der käme nicht darauf, dass hinter all dem eine Marke steckt. Man lebt einfach darin, für ein paar Tage, und dann will man mehr, wenn man schon nicht die Insel mitnehmen kann. Doch hier, unter Palmen, fällt das nicht auf. Die Möbel fügen sich nahtlos ins Erlebnis Dedon Island ein, bei dem es nicht um Möbel geht. Sondern um ein Lebensgefühl. »Dedon Island ist der richtige Platz für Leute, die für ihr Geld nicht mehr als eine willkommene Einfachheit erwarten«, sagt Tom Wallmann, Marketingdirektor von Dedon.[26]

Das Paradies im Nirgendwo wurde nach Plänen von Firmengründer Ro-bert Dekeyser errichtet. Nicht nur das Konzept des Resorts, sondern die ge-samte Präsenz von Dedon auf den Philippinen setzt auf Nachhaltigkeit und Integrität: Obst und Gemüse, das die Gäste serviert bekommen, wird auf der eigenen Farm von einer einheimischen Bauernfamilie gezüchtet. Die Firma hat Experten an die örtlichen Schulen geschickt, die den Schülern nachhaltiges Landwirtschaften beibringen. Jede Klasse hat ihren eigenen Garten. Einheimische haben das Resort gebaut, mit lokalen Rohstoffen.[27]

Das international auf Expansionskurs befindliche Unternehmen plant schon die nächsten Abenteuer, für sich und seine Fans: weitere Paradiese

37

auf den Philippinen, eine Skihütte irgendwo in den Bergen, Iglus, Baum-
häuser, sogar ein Projekt mit der Affenforscherin Jane Goodall in Afrika ist
im Gespräch.

Gewinn müssen diese Abenteuer abseits des Kerngeschäfts nicht er-
zielen, sagt Tom Wallmann.[28] Den macht das Unternehmen mit seiner
fortschreitenden internationalen Expansion, indem es jeden Euro in neue
Märkte investiert. USA, Brasilien, Mittelamerika, Asien. Jahresumsatz:
Jenseits der 100-Millionen-Euro Marke. Unter den Kunden: Brad Pitt, Will
Smith, Madonna und Großkunden wie Marriott oder Hilton.

Um Erfolg, Luxus, Status geht es auf Dedon Island nicht. Nicht für Dedon und nicht für die, die hier nächtigen. Es geht um das Erlebnis, um
das Lebensgefühl, das die Zielgruppe mit dem Unternehmen verbindet.
Wer einmal im Paradies auf einem Dedon-Sofa gesessen hat, will da nicht
mehr freiwillig runter. Er will sich binden. Keinen Kurzurlaub, sondern
die Lifetime-Suite, wenigstens auf der eigenen Terrasse. Auch knallharte
Top-Manager machen zu Hause im Garten gern den Kuschelhasen deluxe.

Showrooms, irgendwo in der Großstadt, hip aber gleichförmig, sind
letztlich immer nur ein Intermezzo in diesem Alltag, eine Station auf dem
Shoppingtrip. Luxus zum Kaufen, edel aber austauschbar. Sie wecken vielleicht Begehrlichkeiten. Erinnerungen, Gefühle, Zugehörigkeit erzeugen
sie nicht. Dedon Island bietet mehr als ein Konsumtempel: eine Insel der
Zeit in einer hektischen, übersättigten Welt, eine Vision vom Paradies in
all seiner Einfachheit, ein gemeinsames Lebensgefühl. Es ist dieses Gefühl,
das Dedon verkauft – das ist wichtiger als Perfektion. Diese Individualität
bedeutet der Zielgruppe Freiheit, und die ist mit Geld nicht aufzuwiegen.
Was die Kunden von Dedon an die Marke bindet, ist mehr als ein Intermezzo: Es ist Interessanz.

DAS DIESEL-LEBEN LEBEN

Keinen Bock mehr auf Boutiquen und Verkaufsinszenierungen? Ein quasi auslagenfreies Markenerlebnis der besonderen Art findet der produkt-
flutüberforderte Konsument auch auf der Diesel Farm in der Kleinstadt

Marostica, gelegen in der Provinz Vicenza im norditalienischen Venetien. Da, wo auch der beste Grappa herkommt.

Absteigen kann der geneigte Konsumtempelflüchtling dort nicht, wie auf Dedon Island, doch er kann in das Lebensgefühl der Diesel Farm eintauchen: Mit Weinen und Olivenölen erster Güte, wie man sie sonst nur von alteingesessenen Mittelmeerbauern bekommt. Gegründet wurde das Gut von Renzo Rosso, dem kongenialen Schöpfer der Weltmarke Diesel. Der produziert normalerweise Jeans, aber auch andere Bekleidung und Accessoires, die ein Mehrfaches dessen kosten, was sie ohne das Diesel-Label wert wären. Diesel kann das machen, denn Diesel ist extrem cool. Die gleiche Jeans, ohne das Label und für weniger Geld, ziehen Jugendliche vielleicht im Alltag an. Die Diesel beim Date, oder wann immer es darauf ankommt, dass es eben Diesel ist. Diesel hat den Nimbus, den selbst viele Traditionsmarken im Jeansgeschäft nicht (mehr) haben. Weil Renzo Rosso genau weiß, wie man heute eine Marke macht.

Und jetzt eben: Wein, Olivenöl und andere Bio-Lebensmittel aus nachhaltigem Anbau. Was das mit Jeans zu tun hat? Ja gar nichts, natürlich. Jedenfalls nicht auf den ersten Blick.

Verrückt? Nicht verrückter als Rossos größter Geniestreich: Akkurate, schicke Jeans bei der Waschung so in die Mangel zu nehmen, dass sie schon beim Kauf aussehen, als hätte ein Goldschürfer im Wilden Westen damit zehn Jahre im Kiesbett des Yukon gehockt.

Es ist kein Opportunismus, der Rosso aufs Land getrieben hat. Bereits 1994 hat er die Farm erworben. Es ist nicht so, dass er schon damals gewusst hätte, wie viel Ansehen man mit so einem Projekt zwanzig Jahre später würde gewinnen können, wenn alle nach Nachhaltigkeit rufen und Retro-Landwirtschaft zu einem Megatrend wird. Rosso hat eine untrügliche Nase, aber hellsehen kann er nicht. Ursprünglich hatte er das Land für seinen inzwischen verstorbenen Vater gekauft. Er hatte einfach Bock darauf, nachdem seine Modemarke zu einem Weltimperium angewachsen war.

Rosso teilt dieses Gefühl mit immer mehr Kunden: raus aus den Boutiquen, rein in die Natur. Er hat sich nicht verbogen, nicht aus dem Nichts ein ganz neues Geschäftsfeld erschaffen. Er ist einfach seinen Werten gefolgt. Den gleichen Werten, aus denen auch Diesel, die Modemarke, entstanden ist. Die eines Cowboys, Freiheit und Abenteuer. Sie ziehen Millionen von Kunden in die Boutiquen. Renzo Rosso ist ein anziehender Typ, in jeder Hinsicht.

Rosso lebt seine Marke. Er trägt sie auf der Haut. Nicht nur den Diesel-Indianer, sondern auch das Logo seiner Holding OTB (Only The Brave), mit der er im Laufe der Jahre weitere Modeunternehmen akquiriert hat, hat er sich eintätowieren lassen. Sie gehen mit ihm auf die 100 Hektar große Farm, zwischen Trauben, Obst und Oliven. Bio, sagt er, »ist der echte Luxus der Zukunft.«[29] Die Diesel Farm bezeichnet er als seine »Insel«. Es ist nicht die einzige Parallele, die an die visionäre Nebenschiene im Zeichen der Nachhaltigkeit von Dedon erinnert: »Es geht um das Vergnügen. Wir machen weniger als eine Million Euro damit.«[30] OTB, die Diesel-Holding, macht etwa eine Milliarde im Jahr.[31]

Rosso stammt aus einer Bauernfamilie und ist auf einem traditionellen italienischen Bauernhof aufgewachsen. Er trägt das Lebensgefühl in seiner DNA, nach dem sich heute immer mehr Menschen sehnen: die Natur, das ursprüngliche Leben und vor allem die Freiheit. »Die jungen Leute lieben mich sehr«, erzählt er einer Journalistin im Interview. »Sie sehen mich als diese einfache Person, die bei null angefangen hat und sich durch die Arbeit Respekt erworben hat.«[32]

Rossos Geschichte ist in jedes Produkt seiner Marke eingraviert, ohne dass er sie erzählen müsste. Er steht für einen ursprünglichen Luxus, den Komfort der Einfachheit. Dafür, dass man ihn unabhängig von der eigenen Herkunft erreichen, sich über die nervöse Schnelllebigkeit der Konsumwelt hinwegsetzen und einen Zen-artigen Status im Leben erreichen kann, der allen materiellen Luxus noch übertrifft. Renzo Rosso hat sich über den rein geschäftlichen Erfolg hinweggesetzt und ist zu seinen Ursprüngen zurückgekehrt, ohne den Nerv der Zeit aus den Augen zu verlieren. Er ist Diesel, und doch steht er darüber. Er kann tun und lassen, was er will, ohne damit Gewinn machen zu müssen. Vermutlich hat er genau deshalb Erfolg mit allem, was er tut.

Renzo Rosso ist frei. Das ist das Lebensgefühl, das Menschen sich anziehen, wenn sie Diesel kaufen. Das ist Interessanz.

ON FINNISHNESS AND BEYOND:
EIN LAND FÜR JEDEN

Regionale Bezüge, wie sie sich bei Dedon Island und der italienischen Diesel Farm andeuten, werden anderswo noch expliziter bedient. Lokalisierung ist ein reizvoller Ansatz der Markeninteressanz, weil sie einen besonderen Vorteil bietet: Der regionale Aufhänger lockt mit einem Gefühl der Zugehörigkeit. Die Insel auf den Philippinen, die sonnengefluteten Weinberge von Vicenza: Wer will da nicht hin? Wer will nicht ausbrechen aus dem Alltag, der durchgetaktet ist von der täglichen Ego-Positionierung?

Die uralte Vision vom gelobten Land hat kein Stück von ihrer Anziehungskraft verloren. Ganz im Gegenteil: Regionalisierung ist angesagt. Gerade globale Multikonzerne tun alles, um die Nutzererfahrung mikroskopisch genau auf den Standort der User auszurichten. Lokale Geschäfte, lokale Besonderheiten, lokale Community – Zugehörigkeit. Auch und gerade, wenn wir in der Fremde sind, wollen wir uns fühlen wie Einheimische. Nicht die Touri-Route, bitte – wir wollen die Insidertipps. Die Kneipen, wo die Einheimischen hingehen,

> Regionalisierung ist angesagt.

die beste Pizza in Rom, aber bitte von den Römern selbst erkoren. Im Urlaub nicht am Pauschalstrand abhängen, sondern unter die Leute mischen. Dazugehören. Zum Beispiel, indem wir bei AirBnB Privatwohnungen von Menschen buchen, die tatsächlich darin leben. Jedenfalls manche von ihnen.

Die digitalen Plattformen legen sich mächtig ins Zeug, um die nicht zuletzt digital beförderte Entfremdung von der Welt rückgängig zu machen. Die Regionalisierung ist ein Gegentrend zur Digitalisierung – und schlägt sie mit deren eigenen Waffen.

Mit der Sehnsucht nach Zugehörigkeit können Marken in ihrer Kommunikation spielen wie mit kaum einem anderen Relevanzargument, indem sie Sehnsuchtsorte schaffen. Wo gehöre ich hin? Das ist eine Frage, die der Gegenwartsmensch sich am laufenden Band stellt. X-mal am Tag, vorm Supermarktregal genauso wie im Motivationsseminar am Arbeitsplatz und noch in der Freizeitgestaltung. Marken können ihm Antworten liefern, die bei seinen individuellen Werten und Sehnsüchten andocken. Und sie können ihm gleichzeitig Entlastung bieten, indem sie seinen selbstbestimmten Lebensstil unterstützen: Schau, die Einfachheit. Schau, die Ruhe. Schau, die Natur. Hier gehörst du hin.

Schau, das Design, das zu dir gehört: Auch die Kreativen hinter den Marken setzen deren spezifische Ästhetik immer öfter in Kontexte, die mit dem Produkt auf den ersten Blick wenig zu tun haben. Wie auch Bio-Wein erst einmal wenig mit Jeans zu tun hat. Fans von gläsernen Teelichthaltern gehen zu Ikea oder zu Kaufhof. Fans von finnischem Design hingegen kaufen ihren gläsernen Teelichthalter bei Iittala und bezahlen das Fünfzigfache. Nicht für den gläsernen Teelichthalter, sondern für dessen Finnishness.

Die Herkunft eines Designs oder eines Produkts übt heute einen starken Sog auf die vielgereisten Kunden aus. Kulturelle Besonderheiten bereichern das Leben. Ein Stückchen Welt haben wir gern zu Hause. In der Ära des »markenbewussten Käufers« kauften viele Iittala, ohne überhaupt zu wissen, dass es sich um finnisches Design handelt. Heute reicht es nicht mehr, sich auf die Marke zu berufen. Auch nicht für die Marke. Sie muss mehr bieten. Zugehörigkeit. Zu einer Wertegemeinschaft, zu einem Lebensgefühl. Deshalb kauft Renzo Rosso keine Insel im Pazifik, sondern ein Landgut in Italien, wo er herkommt und wo seine Firma sitzt.

Um ihrer Herkunft Ausdruck zu verleihen, der geistigen und der physischen, setzen Marken sich in Kontexte wie den regionalen. Ganz besonders, wenn es ums Design geht. Wenn ich das Teelicht im Iittala-Halter anmache, schwingt dabei auch immer ein bisschen finnische Winter-Romantik mit. Ich kuschele mich in die Gesellschaft der Designliebhaber, die auch wissen, dass Iittala finnisch ist.

Iittala ist ein gutes Beispiel dafür, dass auch altbekannte Marken den Sprung in die neue Markenwelt schaffen können – gerade indem sie sich auf ihre DNA berufen. Die Glasmanufaktur, auf die das Label zurückgeht, wurde

1881 gegründet. Das Dorf in Südfinnland, aus dem Iittala kommt, heißt, na sowas: Iittala. Ihren Durchbruch erlebte die Firma mit dem Modernismus und Funktionalismus in den 1930er und 1940er Jahren. Die Menschen, die das Unternehmen damals und in den Folgeepochen zu Weltruhm führten, waren Designpioniere. Finnische Designpioniere von Weltrang. Ihnen ging es, genauso wie den Machern von heute, um zeitlose Objekte, die mit ihrem Design Maßstäbe setzen und sich dabei nahtlos in das Leben der Kunden einfügen. Sie sollen die essenziellen Momente des Lebens veredeln, dem Alltag Ambiente verleihen.

Doch die Kontinuität, die sich auch in der Langlebigkeit und Zeitlosigkeit der Stücke ausdrückt, ist nur ein Aspekt der »Finnishness«. Finnland ist eine extrem organisierte, heimelig-funktionale Nation. Das Klima ist rau. Es gibt gute Gründe, warum ein kleiner Teelichthalter aus Finnland ein Pfund wiegt. Finnen gehören zu den am besten ausgebildeten Menschen der Welt – siehe PISA-Studie. Finnen gehen in die Sauna, rituell, täglich und vor allem zusammen. Sie verfügen über einen ausgeprägten Gemeinschaftssinn. Und damit es nicht zu bodenständig wird: Finnen sind, so das Klischee, auch ein bisschen verrückt. Sie tragen Wettkämpfe im Ehefrauen-Tragen und Handy-Weitwurf aus und sind traditionell stark in Extremsportarten. Finnische Entrepreneure werden vom Staat unterstützt wie nirgendwo sonst auf der Welt – bei maximaler Freiheit von behördlicher Einmischung.

Solidität, Erfindungsreichtum, Gemeinschaftssinn, Freiheitsliebe, all das mit einem Schuss Verrücktheit – das ist »Finnishness«. Eine Kultur und ein Wertesystem mit vielen Anknüpfungspunkten für jene, die in einer Marke mehr suchen als Luxus. Deshalb setzen finnische Marken wie Iittala, Artek, Marimekko und auch Nokia auf ein Zugehörigkeitsgefühl durch regionalen Bezug. Denn in dem Punkt haben sie einiges zu bieten.

»Finnishness« ist Finnisch für »Interessanz« – ein Prinzip, das sich in alle Sprachen übersetzen lässt. Es gibt ein Land, eine Community, ein Wertesystem für jeden. Auf den Philippinen, in Vicenza, in Helsinki … oder in den eigenen vier Wänden.

SEELENDIAMANTEN:
AUCH WELTBÜRGER WOLLEN NACH HAUSE KOMMEN

Mit dem Interessanzprinzip der Zugehörigkeit können Marken an jedem Markt arbeiten. Die Architektur ist ein Feld, in dem die Kunden geradezu danach schreien. Wohnkultur ist Ausdruck von Individualität. Und nicht trotzdem, sondern gerade deshalb auch eine Frage von Zugehörigkeit. Zeig mir deine Wohnung, und ich sage dir, wer du bist: Das Zuhause ist der ideale Spielplatz für Marken. Das Gefühl, zu Hause zu sein, war nie so wichtig für den Seelenfrieden wie in der globalisierten Lebenswelt der Berufskosmopoliten, die gezwungenermaßen überall zu Hause sind. Die eigenen vier Wände sind der ultimative Sehnsuchtsort für die, die ständig unterwegs sind, physisch und virtuell.

Eine Marke, die voll auf die Kombination von Design und Daheim setzt, ist Yoo.[33] Gegründet wurde das Unternehmen vom internationalen Immobilien-Entrepreneur John Hitchcox und Stardesigner Philippe Starck 1999. Letzterer sowie weitere Designer mit Weltruf wie Jade Jagger, Marcel Wanders und Steve Leung gestalten für die Kunden der Marke Apartments, die ihren Besitzern das Gefühl geben, zur Avantgarde der Wohnkultur zu gehören und damit gleichzeitig ihren individuellen Stil auszudrücken. Manche dieser Kunden lassen sich gleich in mehreren der Yoo-Residenzen das exakt gleiche Apartment ausstatten – um sich heimisch zu fühlen, wo immer sie sind. Paris? Zu Hause. New York? Zu Hause. Dubai? Zu Hause. Nach dem gleichen Prinzip führt die Marke auch ihre Hotels. Yoo verbindet den freiheitsorientierten Lebensstil der Kosmopoliten mit der erdenden Zugehörigkeit zu einer vertrauten Umgebung. Wohin sie auch reisen, ihr externalisiertes Ich reist mit ihnen. Nichts anderes ist Design in der neuen Markenwelt: ein Ausdruck der eigenen Persönlichkeit. Das funktioniert nur, wenn Kundenidentität und Marken-DNA auf einer Wellenlänge sind.

Solche Apartments, die ihren Bewohner auffangen, sind wie Diamanten für die Seele: Investitionen in die Ewigkeit, die doch viel mehr sind als Kapitalanlagen. Das hat auch Stararchitekt Daniel Libeskind erkannt. Mit dem Sapphire erschafft er in Berlin-Mitte eine Architektur-Ikone, deren Bewohner über ihre Adresse kommunizieren, wer sie sind. Der Architekt nutzt den »sense of place«, den er mit seinen weit gereisten Kunden teilt, um den künftigen Bewohnern zu kommunizieren, dass er ihre Sprache spricht: »Ein Saphir ist auch rau, er ist tough, er ist tapfer, und auch in seiner Materialität resistent. Das ist auch die Charakteristik der Berliner und Berlins.«[34]

Der Architekt nennt das Projekt daher auch nicht Projekt, sondern seine Liebeserklärung an Berlin.[35] »Ich bin ein Berliner!«, ruft das Sapphire stellvertretend für seine Bewohner denen zu, die draußen vorbeigehen. Aber natürlich nicht irgendein Berliner.

Dabei fügt sich das Gebäude in seiner kantigen und doch sanften Struktur überraschend harmonisch in seine von Altbauten dominierte Umgebung ein. Es mutet an wie ein perfekt geschliffener Edelstein, der dezent aus einer rustikal gearbeiteten Fassung herausragt. Dass Libeskind sich, nach zahlreichen öffentlichen Monumentalbauten, zunehmend Privatgebäuden zuwendet, ist der Hinwendung der Designkultur zum Individuum geschuldet. Schon die Wolkenkratzer-Residenz I'Park in der südkoreanischen Küstenstadt Busan, entworfen vom Studio Libeskind, bot ihren Bewohnern maximale Exklusivität unter Einbeziehung regionaler Gegebenheiten. Im Falle Busans war das der Blick auf die Bucht mit ihrer Landmark-Brücke – eine Wohnlage, für die jeder Koreaner seine Großmutter verkaufen würde. Noch lieber aber lässt er sie mit einziehen. Das Konzept nimmt direkten Bezug auf das soziale Gefüge der koreanischen Gesellschaft, das sich in ihrer Wohnkultur ausdrückt: »In Südkorea wird großer Wert auf Familie und soziale Beziehungen gelegt«, heißt es in der Projektbeschreibung. »Hochdichte Wohnprojekte werden bevorzugt, weil sie einen starken Sinn für Gemeinschaft unterstützen.«[36] Im Gegensatz zum Sapphire jedoch überragt dieses Gebäude seine Umgebung derart, dass es der Szenerie von Haeundae Beach, in dessen Zentrum es thront, die Anmutung einer Science-Fiction-Kulisse verleiht. Die Koreaner, für die Wohntürme und Exklusivität keine Widersprüche sind, stehen drauf.

Anders beim Sapphire: Dieses Gebäude umfängt seine Bewohner ebenfalls mit dem eleganten Mantel der Avantgarde. Und doch setzt es sie mit seinen großen, unregelmäßigen Fensterfronten und seinen Kanten, die gleichsam sanft in die Nachbarschaft einfließen, als Protagonisten der rauen Berlin-Story in Szene. Edel, teuer, exklusiv – in Berlin reicht das nicht, um sich abzusetzen. In der Architektur auch nicht mehr, genauso wenig wie im Produktdesign.

Interessanz braucht Kontext: die Einbindung in eine Story. Die Story der Umgebung und die Story des Kunden, die in Marken-Erlebniswelten wie dem Sapphire ineinanderfließen. In der neuen Markenwelt gibt es ein Zuhause für jeden, aber keines ist für jeden.

BEWEGEN DURCH BEWEGUNG:
INSTACONCERTS AUF DEM GIPFEL

Das Interessanzprinzip beschränkt sich keineswegs auf die megaexklusiven Märkte. Durch Mund-zu-Mund-Propaganda und deren digitale Verlängerung in den sozialen Medien sehen wir es in allen Formen der Markenkommunikation greifen. Einer Twitter-Statistik[37] zufolge sahen beispielsweise 99 Prozent aller Twitter-User im Januar 2014 eine Marke in ihrem Newsfeed;[38] in anderen Netzwerken wird dieses Ergebnis ähnlich sein. Noch wichtiger: Nach derselben Untersuchung führten diese Tweets auch messbar zu Aktionen, online wie offline. Über die Hälfte der User reagiert auf die Erwähnung einer Marke, fast ein Viertel besucht daraufhin die Unternehmenswebsite. Interessant ist dabei: Mehr Nutzer (63 Prozent) reagierten auf die Markenerwähnung vonseiten einer neutralen Quelle, mehr als auf Tweets der Unternehmen selbst (45 Prozent).[39] Am wahrscheinlichsten sorgt eine Kombination aus beidem für eine Reaktion (79 Prozent).[40]

Der vernetzte Kunde ist also kein Mythos, es gibt ihn wirklich. Und er lässt sich am besten durch Interessanz animieren.

Dabei muss die Erlebniswelt keineswegs stationärer Natur sein. Physisch mobile Konzepte wie Pop-up Stores und Road Shows erzeugen gerade bei jüngeren Zielgruppen großes Interesse. Der Event-Charakter unterstützt sogar die Verbreitung, denn einmalige oder kurzzeitige Ereignisse besitzen eine größere News Credibility.

Im Fall des Telekom-Ed-Sheeran-Gigs sah das so aus: Ed Sheeran auf der Bühne, wie gewohnt ganz Low Key, mit akustischer Gitarre, seiner Stimme und sonst nichts. Eindrucksvoll, weil einfach. Aber nicht auf irgendeiner

Bühne, in einem x-beliebigen Stadion oder einem x-beliebigen Klub, sondern auf der Zugspitze. Schneebedeckte Alpengipfel rahmen den beleuchteten Sänger ein. Vor ihm, im gefühlt erlesenen, weil lokal bedingt kleinen Publikum: Smartphones. Dutzende Smartphones. Fast jeder Zuschauer hat eines in der Hand und filmt den Auftritt. Genau

> Der vernetzte Kunde ist also kein Mythos, es gibt ihn wirklich.

das ist die Idee: Diese User-Videos, die Einbeziehung der Fans, bilden das Marketingkonzept. Die Telekom nennt es: InstaConcert. Die Musikexperten haben es geschafft, das Thema »Unplugged« ganz neu zu spielen, anstatt einfach nur MTV unplugged zu wiederholen, wie Spotify Unplugged es getan hat.

»Das Instaconcert besteht aus den vielen verschiedenen Videos, die Fans während des Ed Sheeran Street Gig auf der Zugspitze aufgenommen und mit #edinstaconcert auf Instagram geteilt haben. Der Insta-ConcertPlayer [auf der Street-Gigs-Website] fasst alle diese Videos zu einem einzigartigen interaktiven Konzerterlebnis zusammen. Und du kannst dich durch den Konzertraum bewegen, als wärst du live dabei.«[41]

Das weltweit erste interaktive Konzertvideo bindet die Telekom ohne Werbegetöse in die Musik-Community ein, indem es ihr eine Plattform gibt. Der Content wird nicht vom Veranstalter produziert, sondern von den Fans selbst. Die Street Gigs verbinden die Sehnsucht dazuzugehören mit der Sehnsucht, gemeinsam etwas Besonderes zu erleben. Interessanz durch gemeinsame Interessen. Interessanz durch Einbeziehung. Interessanz durch neue Darstellungsformen.

MEETING POINTS: PRÄSENTATIONSFLÄCHEN ADE

Das Lebenselixier jeder Gemeinschaft ist die Begegnung. Ganz gleich, welcher Art das gemeinsame Interesse in einer Community ist – Mode, Essen, Architektur, Natur, Musik, Kunst – der Zweck ist immer der gleiche: Austausch, schöne Momente teilen, gemeinsame Freude am Ergebnis, gegenseitiges Feedback, helfende Hände, wenn man sie braucht. Gemeinsamkeit eben. Damit all diese Begegnungen stattfinden können, haben interessenbasierte Netzwerke Treffpunkte. Foodies kochen gemeinsam, testen in der Gruppe das neueste Restaurant und tauschen online auf den einschlägigen Plattformen Rezepte und Food Porn aus. Gamer treffen sich online bei World of Warcraft und am Wochenende im nächsten Gamesshop zum analogen Rollenspiel mit Figuren oder gar im Kostüm. Leseratten treffen sich im Buchladen und bei Lovelybooks.

Und Fotografie-Enthusiasten? Nicht die Schnappschussjäger, die sich auf Instagram tummeln, sondern die Pros mit einem Faible für Kunst und Handwerk des Fotografierens und das ganze Technikuniversum dahinter? Flickr, ja, äh, gähn …

Fakt ist: Die Fotografie-Nerds sind eine spannende Zielgruppe, denn sie sind Jäger und Sammler gleichermaßen und immer mit Leidenschaft bei der Sache. Sie geben eine Menge für ihr Equipment aus, und viele wollen ständig das Neueste haben – ganz egal, ob sie es brauchen. Ganz egal, ob sie schon fünf aktuelle Kameras im Schrank haben. Diese Markenfreaks sind nicht nur loyal, sondern auch zeigefreudig: Ganz nebenbei produzieren sie ihrer Marke High End-Content for free, den sie sogar gern umsonst zeigen. Auf diesen Teilnahmewillen an der Interessanz einer Marke setzte auch Apple mit einer Kampagne für das iPhone 6, die nur aus herausragenden Bildern von Usern bestand. Ganz klein unten in der Ecke der Hinweis: »fotografiert mit dem iPhone 6«. Sonst nichts. Allein die Bilder zählen.

Da bleibt für eine Agentur nichts mehr zu tun: Mit solchen Content-Strategien machen Marken sich unabhängig – jedenfalls am ausführend-kreativen Ende des Prozesses.

Noch spannender für die Marketing-Spezialisten: Foto-Enthusiasten sind Marken-Enthusiasten. Wer sich für eine Marke entscheidet, Canon, Nikon, Sony, der bleibt ihr meist für viele Jahre treu, weil er sich in ein komplexes System einkauft, aus dem er nur mit Wertverlust wieder rauskommt. Canon-Fanboys, Nikon-Fanboys, das sind geläufige Begriffe in der Szene. Wie gegnerische Clans in einem Rollenspiel versuchen sie sich gegenseitig zu übertreffen, verteidigen mit Verve »ihre« Marke, »dissen« sich online gegenseitig. Doch sie verbindet auch die Leidenschaft für das herausragende Bild. Eine lebhafte, kritische, gleichermaßen kunst- und konsumorientierte Community, die den Kameramarken den Großteil ihrer PR-Bemühungen einfach abnimmt. Noch das kleinste Gerücht über das nächste Modell ist Monate zuvor im Umlauf und wird heiß diskutiert. Eine bessere Fanbase kann sich keine Marke wünschen.

Sie kümmert sich sogar um die passenden Plattformen. Denn dass man Profi in seinem Bereich ist, zeigt man auch damit, dass man stets die angesagten virtuellen Treffpunkte kennt und dort mitmischt. Das funktioniert in der Fotografie-Szene nicht anders als unter Professionals, die ganz selbstverständlich bei XING oder Dezeen vertreten sind.

Es gibt einen Treffpunkt, den echte Fotografie-Nerds auf der ganzen Welt kennen: DigitalRev.com. Das Kerngeschäft des in Hongkong ansässigen, aber international operierenden Elektronik-Versandunternehmens ist eigentlich ein ganz normaler Online-Shop für Fotografie-Bedarf. Doch die Macher haben die Zeichen der Zeit vor vielen anderen erkannt, weil sie ihre Klientel kennen: Foto-Geeks sind technik- und innovationsaffin. Bei ihnen kann man nur durch neue Wege auffallen.

Deshalb präsentiert sich DigitalRev nicht in erster Linie als Präsentationsfläche, sondern ganz anders: »DigitalRev ist ein soziales Netzwerk für Menschen, die Fotos lieben. Ob du Profi bist oder Anfänger, Model oder Creative Director, Fotojournalist oder Kunststudent, hier warten viel Spaß und inspirierender Austausch auf dich.«[42]

Entsprechend ist die Online-Präsenz aufgebaut: Alles dreht sich um das Interessanzfeld Fotografie. Klar gibt es den Online-Shop. Doch der ist austauschbar. In der »About«-Sektion der DigitalRev-Website steht er ganz unten. Ganz oben steht: »Photo Loving Community. Connected.«[43]

49

DigitalRev ist ein Komplettuniversum für Fotobegeisterte: Interessanz durch Thema, Technik, Leidenschaft, und vor allem: Gemeinschaft. Die Marke als Treffpunkt, als Stätte der Begegnung.

Auch in vielen analogen Geschäftsmodellen sind herkömmliche Präsentationsflächen nicht mehr die dominanten Schnittstellen zum Konsumenten. Selbst auf den ersten Blick klassische Präsentationsformen wie Ladengeschäfte oder andere Räumlichkeiten, die das Markenlogo über der Tür tragen, bemühen sich um eine Wahrnehmung als Treffpunkt statt als Kaufhaus. Apple Stores heißen zwar noch Stores, wirken aber eher wie Messestände mit besonders edler Ausstattung. Anfassen, Ausprobieren und Austauschen mit den »Apple Geniuses« stehen im Vordergrund. Einkaufen? Gern online, macht nix.

Ins Virtuelle tragen dieses Prinzip neue Anlaufstellen wie Blogwalks: Shops, die über die persönliche Ansprache und über den Content kommen. Plattformen, auf denen man *auch* einkaufen kann.

Pop-up-Store-Konzepte sind aus ähnlichen Gründen so beliebt: Hier stehen Berater bereit, denen es vordergründig nicht ums Verkaufen geht, sondern ums Kennenlernen und Helfen. Gerade ihr Happening-Charakter macht die Kurzzeit-Shops attraktiv, denn ihr analoger Charme erzeugt in der digitalen Einkaufswelt einen besonderen Reiz: die Marke zum Anfassen, geht ja sonst nicht. Schnell hin, Produkte ausprobieren, die man sonst vielleicht nur am Bildschirm betrachten kann. Oder im anonymen Kaufhausregal, in der kontextfreien Zone. Meist geht es in diesen »Stores« gar nicht um den schnöden Einkauf, sondern um die Begegnung mit Markenbotschaftern, die uns verstehen. In seinem Pop-up Store im Berliner Bikini Building testete die Biokosmetik-Marke Weleda neue Produkte direkt beim Publikum an und lud zum Ausprobieren ein. Kaufen? Klar, geht auch.

In der Nivea World nicht: Das ist eigentlich ein großer Wellnesstempel mit kosmetischen Behandlungen für jedermann – ganz ohne Shop. Nicht mal auf Nachfrage kann man hier Produkte erwerben. Es geht ums Wellnesserlebnis, das mit der Marke assoziiert wird. Customer Care, im besten Sinne des Wortes. Interessanzfeld: Schönheit. Bindung durch Körperpflege. Eines von vielen Beispielen, bei denen die Interessanz sich direkt in ein Servicekonzept übersetzen lässt – eine starke, weil eben nicht direkt werbende Strategie.

ERLEBNIS-PULL STATT PRODUKT-PUSH: BAUSTEINE FÜR NEUE ERLEBNISWELTEN

Immer mehr Marken setzen auf große oder kleine Erlebniswelten ohne offensiven Produktbezug. Dedon Island, Street Gigs, Foto-Netzwerk, Pop-up Stores, Wellnesstempel: Die klassischen Präsentationsflächen sind auf dem Rückzug. Weil Marken erkennen, dass Bindung über gemeinsame Interessen entsteht. Wer Menschen die Chance gibt, ihre Interessen auszuleben, wird Teil der Community. Nicht umgekehrt. Pull statt Push: Anziehung durch Interessanz. Genau daran wird Hudson's Bay arbeiten müssen, um Galeria Kaufhof aus dem Dornröschenschlaf zu kitzeln.

Mündige Bürger betrachten sich heute nicht mehr als abhängige Konsumenten, sondern als Persönlichkeiten mit einem eigenständigen Stil, der sich über ihre Interessen definiert. Sie sehen sich nicht als ausrechenbares Zielgruppenpotenzial, sondern als Mitglieder einer Gemeinschaft. Entsprechend lassen sie sich nicht von einer Kommunikation einlullen, die auf blutarme Transaktionen zielt, angebahnt durch generalisierende Marketing-Gags für Lemminge. Eine Ansprechhaltung, die das Verkaufen in den Mittelpunkt stellt, ist deshalb in immer mehr Märkten zum Scheitern verurteilt.

BRANDSHIP-FAKTOR INTERESSANZ

INTERESSANZ IST DIE GEGENSEITIGE ANZIEHUNG DURCH GEMEINSAME INTERESSEN, DIE MARKEN UND MENSCHEN ANEINANDER BINDET.

_____ VERLEIHEN SIE IHRER MARKE INTERESSANZ:

· *Interessanz entsteht durch Zugehörigkeit!* Bindung und – als logische Folge – auch Wertschöpfung werden heute dadurch generiert, dass Menschen sich Zeit und Raum für ein verbindendes Thema erkaufen, das ihren Interessen entspricht.

· *Greifen Sie das Lebensgefühl auf, nicht den Bedarf!* Das ist viel glaubwürdiger, als den Menschen einen konstruierten Lifestyle aufzwingen zu wollen. Das Ziel der neuen Markenkommunikation ist nachhaltig bei einer Community anzudocken, nicht ihre Bedürfnisse auszunutzen.

· *Setzen Sie auf Pull statt auf Push!* Ermöglichen Sie Ihren Fans einzigartige Erlebnisse, die einen kollektiven Bedarf bedienen. Erlebniswelten, die auch produktunabhängig eine Anziehung ausüben, werden als Bemühung um die Zielgruppe wahrgenommen.

51

Interessanz kommt also immer aus der Markenpersönlichkeit, nicht aus dem Produktportfolio. Die Produkte sind Requisiten eines Lifestyles, doch verkauft wird das gemeinsame Erleben. Wie bei der #SoloSelfie-Kampagne von Beats by Dre: »The Selfie has been reinvented – a new movement of self-expression. Share yours and tell the world your story.«[44] Werde ein Teil von etwas Größerem, indem du ganz du selbst bist.

»You belong to something now« heißt der Song zum Clip.[45]

Menschen, die sich – oft sogar ganz bewusst – als »Schnittpunkt sozialer Kreise«[46] definieren, geben sich nicht mit oberflächlichen Werten zufrieden. Marken, deshalb auch nicht mehr. Jeder reine Tauschhandel schafft letztlich nur Abhängigkeiten, keine Gefühle. Nicht umsonst ist Geld der häufigste Trennungsgrund von Paaren. Interessanz dagegen schafft echte Bindung. Eine tiefe Beziehung, die hält: Brandship.

DIE NEUEN KOLLABORATEURE:
GOLDENE ALLIANZEN

I am a spoiled #Chanel pussy whose maids pamper her
every need.

Sympathische Ehrlichkeit in einem Instagram-Profil: Diese verwöhnte
Göre nimmt sich wenigstens nicht so ernst. [47]

Nur dass es sich nicht um den Account irgendeines It-Girls handelt, sondern um die selbstironische Kurzbeschreibung von Choupette Lagerfeld.
Die ist mit Karl dem Großen weder verwandt noch verschwägert, jedenfalls nicht im herkömmlichen Sinne. Sie ist seine Katze. Eine Katze, deren
Instagram-Account mehr als 58.000 Menschen folgen.[48] Eine prominente
Mieze also. Und eine Mieze mit einem geschätzten Jahreseinkommen von
drei Millionen Euro.[49]

Choupette verkauft unter anderem den Opel Corsa. Der ist das perfekte Gefährt für eine Luxusgöre: stylish, edel, ein Hingucker. Findet jedenfalls Opel. Warum sonst sollten die Rüsselsheimer Autobauer bei der Suche
nach einem passenden Markenbotschafter ausgerechnet einer Katze den
Zuschlag geben? Opel hat dem Corsa eine Kampagne gewidmet, auf deren
Hochglanzbildern Choupette den Kleinwagen mit lasziven Posen zum luxuriösen Blickfang stilisiert. Oder hat Opel Choupette eine Kampagne gewidmet, damit der Corsa mit aufs Bild darf? Wir wissen es nicht, und es spielt
auch keine Rolle, denn das mit Opel und Choupette, das geht tiefer.

Die beiden teilen Attribute, die eine junge Zielgruppe anmachen:
Fashion, Glamour, Luxus. Hier haben sich zwei authentische Charakter-
typen gefunden, die beide ihren eigenen Kopf haben und sich doch perfekt
ergänzen. Beide wurden als Influencer geboren, die für unterschiedliche
Stilgruppen interessant sind. Die Liebesgeschichte von Opel und Choupette
fühlt sich an wie die eines Sensationspärchens Marke Hollywood. Er: der
in die Jahre gekommene Schauspieler, der vermeintlich seine besten Zeiten
hinter sich, aber auch immer noch eine treue Fangemeinde hat. Sie: Das junge It-Girl, das mit Oberflächlichkeit kokettiert und in Wahrheit alles ande-

re als blond ist. Sie hat als erste erkannt, was noch in ihm steckt. Er landet mit ihr plötzlich wieder auf den Zeitschriftencovern: Wenn eine verwöhnte Chanel-Pussy anbeißt, dann doch jede. Vor Choupette hat ihn niemand ernst genommen. Jetzt reißen sie sich um ein Date mit ihm. Gegensätze ziehen sich an: So unterschiedlich die beiden sein mögen, ihr Lifestyle verbindet sie. Opel in der Rolle des lange verkannten Super-Lovers: Was für ein Revival.

Die Rüsselsheimer haben eine kluge Wahl getroffen mit dieser Mieze. Zuvor war die krisengebeutelte Marke in der jungen Zielgruppe eher pfui. Lange tat sich das Traditionsunternehmen schwer damit, das Image vom langweiligen, zu allem Überfluss etwas prolligen Spießer abzulegen und jüngere Zielgruppen zu erschließen. Für neue Anziehungskraft bei den autogeilen deutschen Männern sorgte erfolgreich BVB-Coach Jürgen Klopp. Seit Choupette ist auch bei den Damen alles anders: Der neue Corsa hat 2014 einen Blitzstart hingelegt.[50] Die jungen Frauen stehen auf ihn. Die ganze Marke hat seit der Repositionierung ab 2009 einen Turnaround geschafft, den ihr niemand mehr zugetraut hatte – weil sie sich die richtigen Partner gesucht hat.[51] Den Fußball-Coach mit Coolness-Faktor für die Jungs. Choupette, die stilbewusste Göre, für die Lifestyle-Affinen.

Auch die Oh!-Kampagne von Opel, bei der talentierte junge Schauspieler als Protagonisten ihre Verwunderung darüber ausdrücken, was ein Opel heute so alles zu bieten hat, zeigt die überlegte Strategie der Marke: ein Opel, du? Ja, ein Opel! Auch hier wurden keine Standard-Imagegesichter der alten Garde vor die Kamera gestellt, sondern junge Influencer, die in ihrem Feld durch Talent überzeugen. Nicht die, die jeder kennt – sondern die, die jeder kennen sollte. Von denen wir noch hören werden. Die Botschaft: Ausgerechnet die neuen Ikonen, die Vorreiter auf ihren Spielfeldern, finden Opel eigentlich cool. Na sowas!

Auch bei der Wahl von Choupette hat Opel nicht dem Wiedererkennungseffekt, sondern dem Überraschungseffekt den Vorrang gegeben. Interessant ist die Wahl von Choupette nicht, weil hier ein Tier durch die Medien zum Star gehypt wird und erfolgreich Produkte verkaufen hilft – das ist weder neu noch überraschend. Grumpy Cat verdient mehr als Cristiano Ronaldo und ist nicht mal süß.[52] Sex, Kinder und Tiere verkaufen sich gut; man muss kein Werbeprofi sein, um das zu wissen.

Spannend ist am Erfolg der Kampagne, dass die Zauberformel hier eben nicht lautet: Tier gleich Absatz. Die Kooperation zwischen Opel und Choupette ist in Wahrheit eine Kollaboration zwischen Opel und Karl Lagerfeld. Nicht, weil Choupette seine Pussy ist. Sondern weil er die Fotos macht – als Kreativer im Hintergrund. Der Effekt ist für beide Partner der gleiche: Talk Value – darüber spricht man. Denn mit dieser Paarung hätte wohl niemand gerechnet. Opel und Lagerfeld, Rüsselsheim und Paris!

NEUER PARTNER, NEUE FREUNDE

Wer neue Kunden braucht, muss in neuen Zielgruppen wildern oder die alten neu begeistern. Am besten beides. Dafür gibt es keine bessere Strategie als den Überraschungseffekt, den ein unerwarteter Partner liefert. Das ist, als wenn der nerdige Kumpel plötzlich mit einer heißen Blondine in die Kneipe käme, oder die heiße Blondine mit dem nerdigen Kumpel bei Mama antanzte: Beiden hätte niemand zugetraut, dass sie etwas gemeinsam haben, das sie zusammenschweißt. Beide erweitern ihren Radius. Für beide ist die Beziehung ein Imagegewinn. Und beide haben plötzlich viel mehr Nachfrage als vorher. Weil die Klischees widerlegt sind, mit denen sie behaftet waren. Das macht sie spannend für neue Interessenten: Ausweitung der Kampfzone am umkämpften Dating-Markt.

Warum haben Marken diesen Aufmerksamkeits-Boost nötig? Oder anders gefragt: Warum sollten sie sich auf die Hochs und Tiefs einer pflegeintensiven echten Kollaboration einlassen?

Gegenfrage: Wie oft landet ein Hollywoodstar auf lange Sicht in den Schlagzeilen, wenn er nicht regelmäßig mit spannenden neuen, ähm, Kollaborationen überrascht?

Die meisten Produkte sind extrem austauschbar geworden. Monopol ist ein Wort, das die meisten Marketingexperten längst aus ihrem Wortschatz gestrichen haben. Mit immer kürzer werdenden Produktzyklen in praktisch allen Industriesegmenten geht der Effekt einher, dass man viele Konsumgüter kaum noch voneinander unterscheiden kann. Für den konkreten Nutzen des Konsumenten spielt es letztlich eine immer geringere Rolle, welche

Marke er kauft, sei es bei Kaffeemaschinen, Smartphones oder eben bei Autos. Leistungsmerkmale und Qualität haben sich in den meisten Produktkategorien inzwischen so weit angenähert, dass selbst Markenfetischisten in Argumentationsschwierigkeiten geraten, wenn sie die Entscheidung für »ihre Marke« rational erklären sollen.

Kein Wunder, dass wir heute aufs Amazonranking schauen, wenn wir nach Anhaltspunkten für unsere Kaufentscheidung suchen. Sich über die Produkte, und damit über den Nutzen für den Kunden, von anderen Marken abzuheben, ist an den Massenmärkten immer öfter ein Ding der Unmöglichkeit. Das ist eine Riesenchance – vor allem für die Underdogs. Und es ist eben auch eine Riesengefahr – vor allem für die Platzhirsche.

Da hilft nur eins: Großangriff auf die Synapsen der Konsumenten und neue Verknüpfungen anlegen. Am besten solche, die dafür sorgen, dass die rechte Gehirnhälfte die linke ausknipst, wo vielleicht noch die alten Vernunftregeln festhängen: Kauf keinen Opel, wenn du ernst genommen werden willst, und so.

Nichts überrascht Konsumenten mehr als eine überraschende Paarung. Je größer der Kontrast an der Oberfläche, desto auffälliger. Je enger die Verbindung in der Tiefe, desto vielversprechender: eine Kollaboration, die auf allen Ebenen einen Wow-Effekt auslöst und beide Partner in neue Dimensionen schießt.

KOLLABORATION MIT ÜBERRASCHUNGSEFFEKT

So eine Verbindung lässt sich nicht ohne Weiteres aus dem Boden stampfen. Wenn die Liebe halten und Früchte tragen soll, dann muss sie auf gemeinsamen Werten beruhen. So einen Partner kann man nicht im Katalog aussuchen. Den größten Überraschungseffekt bergen oft jene Paarungen, die sich nicht über die offensichtlichen Anknüpfungspunkte auf Produktebene definieren: Wen würde es jucken, wenn Opel eine Kooperation mit Sebastian Vettel einginge? Viel zu naheliegend, viel zu langweilig. Der passt nämlich – an der Oberfläche – zu jeder Automarke.

Die Verbindung mit Karl Lagerfeld dagegen macht nicht nur hellhörig, sie macht auch auf einer viel tiefer liegenden Ebene Sinn. Der steht nämlich für Werte, die auch Opel seit der Neupositionierung nach der Krise antreiben, in der öffentlichen Wahrnehmung der Marke jedoch bisher nicht zum Tragen gekommen sind: Qualität, Luxus, Style. Die Opelaner können innovative und stylishe Autos bauen, soviel sie wollen: Wenn die Marke nicht als innovativ und stylish wahrgenommen wird, wird's keiner merken. Deshalb musste für den Corsa ein Partner her, der bei den jungen Damen für Ausstrahlung sorgt: Opel hat Stil, Opel hat Klasse, Opel ist ein Fashion Statement. Der Modezar seinerseits hätte als Mercedes-Testimonial niemanden überrascht: Da sind Qualität und Luxus schon im Namen eingebaut. Mit ihrer Kollaboration demonstrieren Opel und Lagerfeld gleichermaßen jungen Frauen, dass sie sich durchaus ihre Jugend und ihre Experimentierfreude bewahrt haben.

Im Gegensatz zu Opel hätte Lagerfeld das längst nicht mehr nötig. Doch der ist ohnehin in einer ganz anderen Mission unterwegs, die nicht weniger reizvoll auf junge Frauen wirkt, die wissen, was sie wollen: Er macht nämlich auch nur, was er will. Genau wie seine Katze, jede Katze. Als Kopf von Chanel kennt ihn jeder. Als Fotografen dagegen noch nicht. Und genau das ist sein eigentlicher Beitrag zu dieser Kooperation: der kreative Akt des Fotografierens.

Ein Testimonial der alten Schule hätte einfach sein Gesicht in die Kamera gehalten. Ein Kollaborateur, der sich als Markenbotschafter versteht, nimmt die Kamera selbst in die Hand, und überlässt kreativ nichts dem Zufall. Schließlich ist die Kampagne ein Kind der Liebe, und das soll gut geraten.

NEUES SPIEL, NEUE REGELN

58

Die Choupette-Kampagne mit Fotos von Karl Lagerfeld, aufwendig im Rahmen einer Vernissage präsentiert, ist nur eines von vielen Beispielen dafür, wie verspielt die neuen Kollaborateure ihre gemeinsamen Werte in Szene setzen.

Ausgetretene Pfade geben auch etablierten Marken in der neuen Marken-welt keine Sicherheit mehr. Deshalb geht selbst eine Traditionsmarke wie BMW inzwischen außerhalb des Automobiladels auf Partnersuche, wenn es um die Familienplanung geht. Schließlich soll das weiß-blaue Logo auch im Mobility-Sektor der Zukunft eine Hauptrolle spielen. Für seine 2010 initiierte Reihe von Design-Kollaborationen suchen die Bayern deshalb ge-zielt nach Kreativen außerhalb des vertrauten Zirkels der Automobil-De-signer. Für ein Konzept eines Autos der Zukunft, das auf dem Mailänder Automobilsalon 2015 vorgestellt wurde, holte BMW den schweizerisch-argentinischen Designer Alfredo Häberli ins Auto.[53] Der hat sich einen Na-men mit innovativen, funktionalen Möbeln und Wohnaccessoires gemacht, die modernes Wohnen mit schlichter Eleganz verbinden: Schlanker Luxus für eine komfortable und zugleich zeitgemäße Lebensgestaltung. Da liegt der Anknüpfungspunkt, der gemeinsame Wert: BMW suchte jemanden, der einen qualitätsbewussten Lebensstil in die nachhaltig orientierte Zukunft denken kann. Zudem gehört Mobilität zwingend dazu. BMW hat diese Chance erkannt. Mit den klassischen Werten der Marke lässt sich auch in Zukunft Kapital schlagen – nur nicht auf der gleichen Spielwiese.

Design und Nachhaltigkeit statt Prunk und PS: Die Münchener Perfek-tionisten machten sich locker und gaben dem Designer ein Kreativ-Brie-fing, das ihm maximale Freiheiten ließ. Nur das Thema, das der Virtuose bespielen sollte, wurde vorgegeben: »Präzision und Poesie in Bewegung«, ein Schlüsselthema in der jüngeren BMW-Produktphilosophie.[54] Genau in diesem Briefing fand Häberli sich verstanden: »Dieses Konzept von Prä-zision und Poesie findet sich auch in meiner Perspektive auf die Dinge wieder«, sagt der Designer über das Briefing, »deshalb fühle ich mich mit diesem Konzept sehr wohl.«[55]

Seine Arbeit zeichnet sich auch durch einen feinen Sinn für Ironie aus. Den trägt diese Kollaboration zweifellos in sich: BMW und Poesie? Der Inbegriff von kompromissloser Solidität und technischer Perfektion, lyrisch-bildhaft tänzelnd an der schwungvollen Hand eines feinsinnigen Design-Poeten? Wer hätte das gedacht.

Entsprechend spielerisch setzte Häberli das Concept Car um: Sein Ent-wurf nimmt zwar Anleihen bei BMW-Limousinen, aber eben auch bei den fliegenden Autos aus dem Film *Das fünfte Element*, bei alten und neuen Rennwagen, bei Flugobjekten, bei Motorrädern und bei Hochgeschwindigkeitssegelbooten. Das Ergebnis erinnert eher an ein Mobility-Design-Projekt aus der Zukunft als an ein Auto, wie wir es kennen. Und genau das macht es spannend.

In Mailand wurde das Concept Car als 10-Meter-Skelett sowie als kleineres und detaillierteres Modell ausgestellt. Die »Couch« aus dem Sitzkonzept konnte probegesessen werden. Eine Art Entwicklungslinie mit Skizzen, Skulpturen und Modellen zeichnete den Arbeitsprozess des Designers nach. Eine ausführlichere Publikation taucht noch tiefer in die Geschichte und die Inspirationsquellen für das Projekt ein – alles unter der Headline »Poetry in Motion«.[56] Der BMW-Stand in Mailand hat mit den Repräsentanzen auf herkömmlichen Automobilshows wenig gemein: Es ist eine nutzwertige Kunstausstellung, die ein wertbasiertes Thema facettenreich in verschiedene Ausdrucksformen und Kanäle auffächert.

Gemeinsame Werte, spielerisch übertragen in Produkte oder Visionen, die jenseits der Stammklientel Begehrlichkeiten wecken: So klingt die Setlist, wenn ungewöhnliche Paare als Marken-Kollaborateure ins Rampenlicht treten.

DAS IMAGE NEU ERFINDEN

David Beckham ist, wie Karl Lagerfeld, auch so einer, der es längst nicht mehr nötig hat und es trotzdem noch wissen will. Seine Franchise-Produkte verkaufen sich bisher praktisch von selbst, und schon die hatte er nie nötig. Waschbrettbauch-Fotos gibt es von ihm so viele, dass die Shootings längst keiner mehr unterscheiden kann. Er könnte es sich bequem machen, sich einen Wohlstandsbauch wachsen lassen und das Neuerfinden anderen überlassen, die erst noch Marken werden wollen. Doch Beckham will eine leistungsstarke Marke bleiben – und hat verstanden, dass sogar einer wie er sich kontinuierlich neu erfinden muss, um im Gespräch zu bleiben.

Das Duett, auf das er sich ob dieser unterstellten Erkenntnis einließ, lässt sich nur als Parodie auf das Männerbild verstehen, von dem die Marke Beckham bisher zehrte. In einem Videoclip für die Late-Night-Show von Komödiant James Corden absolvierte Beckham im März 2015 einen Cameo-Auftritt.[57] Der Spot ist eine Parodie auf seine eigenen Unterwäsche-Kampagnen. Wie gewohnt steht der tätowierte Schönling zunächst im Vordergrund und glänzt: Alles wie gehabt, muskelbetonendes Oberlicht inklusive. Das fällt dieses Mal allerdings auch noch auf ganz andere Rundungen: Neben Beckham steht plötzlich auch Comedian James Corden selbst im Bild. In Unterhose, wie Beckham. Und auch: mit Bierbauch, dem bleichen Teint des sonnenscheuen Engländers und der Grazie eines Sandsacks bei Flut. Er gibt buchstäblich den, der solchen wie Beckham sonst den Fön hält: »Dein Leben lang wirst du beäugt, geschubst und beurteilt. Hat das Leben einen Sinn? Was gibt meinen Tagen Bedeutung?« Diesen Text spricht Corden zu den schwülstigen Schwarz-Weiß-Bildern, während Beckham parallel klischeehafte Phrasen über Schönheit zum Besten gibt.

Der dicke Durchschnittstyp mit Loser-Image als Kontrapunkt zum veredelten metrosexuellen Männerbild des Turbokapitalismus: Das ist Werbung für Beckhams Unterhosen, weil es eben keine Werbung für Beckhams Unterhosen ist. Eine Woche nach Veröffentlichung hatte das Video bereits fast fünf Millionen Klicks bei YouTube. Die werbefreie Zone hat die Sphäre der Megastars erreicht.

Das Signal, dass solche scheinbar ungleichen Paare der Markenwelt senden: Eine Marke, die sich selbst zu ernst nimmt, wird irgendwann nicht mehr ernst genommen. Will Beckham, dass auch übergewichtige Durchschnittstypen seine Unterhosen tragen? Natürlich will er das. Soweit es ihn betrifft, ist das Video eine Botschaft an alle, die sich an seinem Schönling-Image stören – und eine feinsinnige Maßnahme gegen die Langeweile am Markt für Männerunterwäsche.

Der Schönling wechselt mit dieser Paarung ins Charakterfach: Nachdem seine Kommunikation zuvor vor allem auf Gays und auf Frauen ausgerichtet war, die ihren Männern die Unterwäsche sonst bei H&M kaufen, will er nun glaubhaft auch erwachsene Männer begeistern. Er will die ganze Männerwelt erreichen. Dafür muss er von der entrückten Stilikone zum Kumpeltyp werden. Das erreicht er, indem er Humor als neuen Markenwert addiert.

Durch die skurrile Paarung erreicht Beckham auch die, die sich bisher nicht von ihm angesprochen fühlten. Und gräbt den klassischen Unterwäsche-Herstellern damit noch mehr Marktanteile ab.

Und James Corden? Der bekommt als Neuling auf dem umkämpften Markt der Late-Night-Moderatoren ein bisschen Rampenlicht von seinem Kumpel David ab. Das kann er als aufsteigender Stern am Entertainment-Himmel gut gebrauchen.

Gemeinsam haben sie die Männerfreundschaft; zwei Buddys, die erfolgreich ihren Weg gehen. Den Imagegewinn teilen sie sich – und auch die erweiterte Zielgruppe.

ANGST FRISST MARKE AUF

Die lebende Legende Karl Lagerfeld, die über ihre Katze und über eine Kollaboration mit Opel vermittelt, dass sie sich bei aller Egomanie gar nicht so schlimm ernst nimmt. Ein traditionsreicher Autobauer, der einen fachfremden Designer das Heiligtum Auto nach allen Regeln der Kunst poetisch dekonstruieren lässt. Ein Fußballgott, der mit einem schwabbelbäuchigen Mann in Unterhosen vor der Kamera posiert. Ja, spinnen die denn alle? Soll die Markenwelt der Zukunft ein Panoptikum der Produktparodien werden?

Nicht doch: Die neue Lässigkeit, die gerade die Platzhirsche mit ihren spielerischen Kollaborationen suggerieren, ist nichts anderes als ein Signal der Öffnung von Markenauftritten für neue Impulse. Wie sollen Unternehmen herausfinden, was in Zukunft funktioniert *und* zu ihnen passt, ohne verschiedene Wege auszuprobieren? Was die Verantwortlichen da tun, ist nicht etwa verantwortungslos, sondern extrem professionell und beispielhaft für die Zukunft des Brandings und der Markenkommunikation. Während Marken sich früher mithilfe von Testimonials positionierten, müssen sie uns heute inspirieren, um unsere Aufmerksamkeit zu bekommen. Menscheln, überraschen, unterhalten, neue Bewegungen anstiften. Was ankommt und zur eigenen Markenidentität passt, was in Erfüllung beider Voraussetzungen letztlich auch angenommen wird und am Markt für Bodenhaftung sorgt, wird jede Marke nur herausfinden können, indem sie sich auf neue Kollaborationen einlässt.

All das wirkt spielerisch und soll es auch. Tatsächlich ist es wohlüberlegt und verfolgt einen klaren Zweck: Die wachsenden Stilgruppen zu erreichen, die kein klassisches Testimonial mehr abholen kann.

Das gilt nicht nur für die Giganten mit Fantasiebudget, sondern auch für jede kleine Neugründung: Den sicheren Pfad in die Zukunft gibt es nicht. Für keine Marke. Wer herausfinden will, was funktioniert, muss loslaufen und ausprobieren. Auf die Nase fallen, wieder aufstehen und neu ansetzen. So wie Kinder laufen lernen.

> Den sicheren Pfad in die Zukunft gibt es nicht. Für keine Marke.

Nur einen Fehler dürfen Marken auf keinen Fall machen: Wer sich selbst zu ernst nimmt, interpretiert jeden Fehltritt als Versagen und hört auf zu experimentieren. Und wer deshalb auf Nummer sicher geht, ist schneller raus, als er »Shareholder Value« sagen kann. Die Markenwelt der Zukunft ist ein Experimentierfeld. Wer Angst hat, dass sein verchromtes Logo ein paar Spritzer Farbe abbekommt, der sollte gar nicht erst mitmischen. Angst frisst Marke auf. Markenmenschen müssen Mut beweisen, und Marken müssen Persönlichkeit zeigen. »Me too« ist der Tod.

Das ist der Grund, warum selbst gewichtige Altmarken sich mit ihren Kollaborationen nicht nur öffnen, sondern sogar bereit sind, ihr wohlgehütetes Image selbst auf die Schippe zu nehmen oder nehmen zu lassen. Die Ironisierung der Markenidentität ist keine Posse, um die Awareness gelangweilter Konsumenten zu erhaschen. Sie ist ein erster Schritt zur Öffnung des Markenkerns für neue Einflüsse. Die hat jede Marke nötig, die nicht den Anschluss verlieren will – jetzt und in Zukunft.

63

Wer sich einfach nur anbiedern will, wirft die eigene Identität mit jedem Produktlaunch für eine wahlweise bierernste oder aufgesetzt alberne Kampagne über den Haufen. Wer im Rennen bleiben will, sorgt dafür, dass seine Grundwerte immer neu interpretiert werden, indem er sich auf virtuose Partner einlässt und gemeinsam kreativ wird.

Die Ironisierung der Markenidentität ist eine der effektiven Varianten des Trends zur kreativen Kollaboration: Solche Duette wissen gleichzeitig zu unterhalten und ihren jeweiligen Markenkern intelligent ins Bewusstsein neuer Zielgruppen zu bringen. Die Awareness ist nicht das direkte Ziel der neuen Kollaborateure, sie ist ein Begleiteffekt kreativer Zusammenarbeit, die auch in der Tiefe wirkt und beide Partner voranbringt. Zwei Namen aufzuaddieren wie beim klassischen Testimonial lockt die anspruchsvollen neuen Kunden nicht mehr hinterm Ofen vor. Die spüren nämlich, ob es echte Liebe ist.

Ironie ist immer ein gutes Zeichen: Was sich liebt, das neckt sich.

GOLDENE BÜNDNISSE

Manche der neuen Kollaborationen sind auch weit über den kommunikativen Effekt hinaus wahre Goldgruben. Zum einen, weil sie neue Zielgruppen und Einnahmequellen erschließen; zum anderen, weil sie manchmal schon wirksamer sind als die teuren Monster-Kampagnen der Vergangenheit. Viele Unternehmen sparen sich inzwischen durch kreative Ansätze der Zusammenarbeit eine Menge Geld, das früher in aufwendige Medienkampagnen gesteckt wurde. In manchen Fällen ist das bereits so erfolgreich, dass die Kreativen der alten Schule das Frösteln bekommen, wenn sie ihre Auftragseingänge prüfen. Die vielen Agenturschließungen und der Abbau in der Werbebranche kommen nicht von ungefähr: Manche Produkte lassen sich auf neuen Wegen besser bekannt machen und vertreiben als mit klassischen Kommunikations- und Vertriebsstrukturen.

Ja, genau: beides in einem. Und gemeint sind hier nicht nur irgendwelche Gadgets für technikaffine Nerds. Sondern, zum Beispiel, auch ganz klassische Produktkategorien wie das Verbrauchsgut Waschmittel.

Werben und verkaufen, das sind Prozesse, die heute oft nur einen Klick voneinander entfernt sind. Diese Erkenntnis kann man gar nicht überbewerten, denn sie ändert unsere Lebens- und Arbeitsrealität grundlegend. Ein Kunde, der über einen Link kommt und gleich online einkauft, ist ein Kunde, an dem eine Media-Kampagne verschwendet wäre. Genauso wie eine Vertriebsstruktur, die sich auf Handelswege konzentriert, die er gar nicht mehr braucht.

Dass eine Plattform als Marken-Kollaborateur heute interessanter sein kann als Heidi Klum, zeigt der Amazon Dash Button. Dieser neueste Wurf des Online-Versandhauses ist eine Kollaboration mit Herstellern von Verbrauchsgütern, mit der der Online-Gigant sein Geschäftsmodell auch auf weniger technikbegeisterte Konsumentengruppen ausweitet. Der Dash Button ist ein autonom funktionierender physischer Kauf-Knopf, der an beliebiger Stelle im Haushalt angebracht werden kann und an ein einzelnes Produkt geknüpft ist.[58] Übers heimische W-LAN sendet der Button eine Bestellung für das Produkt bei Amazon aus, wenn der Verbraucher ihn betätigt.

Der Testfall, mit dem Amazon im Frühjahr 2015 den ersten Feldversuch startete: Waschmittel. Ausgerechnet. Weniger technikaffin könnte die Zielgruppe kaum sein. Dafür kollaborierte Amazon mit der Waschmittel-Marke Tide. Der Button klebt zum Beispiel direkt an der Waschmaschine. Geht das Waschmittel zur Neige, drückt der Verbraucher einfach nur auf den Knopf, und am nächsten Tag klingelt der Paketbote.

In seiner Mission, die Konsumenten aus den Supermärkten oder dem Einzelhandel herauszulocken, macht Amazon damit einen weiteren gigantischen Schritt. Einmal mehr ist es ein Fortschritt, der für die Verbraucher einen solchen Komfortgewinn birgt, dass der Erfolg sich schon heute voraussagen lässt: Hier werden die viel beschäftigten jungen Mütter, die Vergesslichen, die Faulen und sogar die Oma zur Zielgruppe, die nicht mehr so gut zu Fuß ist. Also auch diejenigen, die sonst eher zögern, online einzukaufen. Gut möglich, dass die eingebaute Dash-Funktion bei Produkten, die auf Verbrauchsgütern beruhen, bald ein Kaufargument sein wird. Eines, nach dem die Kunden aktiv suchen. Das ist besser als eine Media-Kampagne: Die Kollaboration mit Amazon bringt den Werbeeffekt einfach mit.

Für die Marken, die sich auf die Operation Dash Button einlassen, ist Amazon ein sexy Partner. Nicht Heidi, nicht Claudia, nein: Amazon. Vor wenigen Jahren hätte sich das noch niemand getraut, schon weil der Einzelhandel das überhaupt nicht witzig findet. Jetzt löst eine solche Paarung Begehrlichkeiten aus. Die Kollaboration mit einer digitalen Plattform ist nicht nur technologisch und vertrieblich ein Schritt in die Zukunft, sie verjüngt auch den Markenkern in einer vermeintlich altbackenen Produktkategorie wie Waschmittel.

Das Beispiel zeigt, wie vielfältig die Möglichkeiten der Partnerwahl heute sind: Nicht nur Menschen, Tiere oder Organisationen können interessante Kollaborateure sein. Auch ganze Konzerne aus unterschiedlichen Welten können gemeinsam frische Wäsche waschen. Die klassische Kampagne: nahezu überflüssig. Und wieder läuft irgendwo auf der Welt einem Agenturchef ein eiskalter Schauer über den Rücken.

DEN RICHTIGEN PARTNER FINDEN

Die goldenen Bündnisse müssen auch den Agenturen als wake-up call gelten. Insbesondere, wenn die Partnerschaft durch die Abkürzung über das Internet herkömmliche Strukturen ad absurdum führt. Die vernetzte Community macht in den genannten Fällen als Multiplikator bereits heute einen besseren Job als die etablierten Kreativen mit Millionen-Etats. Und zwar für lau. Das sind keine Zufallstreffer mehr, sondern eine Kommunikationsstrategie der Zukunft, die den klassischen Kanälen der Markenkommunikation in vielen Marktsegmenten nach und nach den Hahn abdreht.

Unser Job, der Auftrag der Kommunikationsprofis in den Agenturen und Unternehmen, muss in Zukunft auch der einer Partnervermittlung samt Wedding Planner und Eheberatung sein. Wir müssen in der Lage sein, vorteilhafte Verbindungen zu initiieren und in Strategien zu gießen: Kollaborationen initiieren und die Kommunikation so steuern, dass beide Partner sich dadurch neue Zielgruppen erschließen. Dass diese Beratung weit über die klassischen Kommunikationsthemen hinausgehen kann und immer öfter wohl auch muss, zeigen die obigen Beispiele.

Kommunikation gleich Kampagne – diese alte Formel greift heute zu kurz. Nicht immer, aber immer öfter. Wir müssen lernen, die neuen Kanäle maßgeschneidert zu bespielen und über den Tellerrand der jeweiligen Industrie hinauszudenken.

Marken sollten ihrerseits jedoch nicht blind darauf vertrauen, dass das Internet durch seine pure

> ## Kommunikation gleich Kampagne – diese alte Formel greift heute zu kurz.

Existenz oder die Kooperation mit einer Online-Marke die strategische Kommunikation ersetzt. Zu glauben es reicht, wenn ein bisschen Geld in »irgendwas mit Social Media« gesteckt wird, oder Produkte über irgendeinen Shop verfügbar gemacht werden, wäre kurzsichtig. Es gibt genügend gescheiterte Online-Projekte und auch Kooperationen, die zeigen: Online-Kommunikation ist letztlich auch strategische Zielgruppen-Kommunikation. Gerade online kann man eine Menge Geld verschwenden, wenn man den falschen Hebel betätigt.

Kooperationen mit erfolgreichen Onlinern beispielsweise machen nur dann Sinn, wenn das eigene Geschäftsmodell für die Zielgruppe des Partners spannend ist und die gemeinsamen Ziele sich in individuelle Lösungen mit Share-Faktor übertragen lassen. Auch im Netz ist nicht alles Gold, was glänzt: Selbst die großen Plattformen sind nicht automatisch attraktive Partner für jede Marke. Genauso wenig wie »irgendwas mit Social Media« automatisch etwas für das Image tut. Likes, Rabatte und Gewinnspiele, der ganze Schmonz aus den Kindertagen des Online-Marketings allein, machen aus Konsumenten noch lange keine Fans. Nicht mal aus denen, die selbst »Like« geklickt haben.

Tatsächlich tut etwa eine Facebook-Fanpage nur dann etwas für Marken, wenn sie sinnvoll in eine Strategie eingewoben wird, die konkrete Ziele verfolgt. Einer Studie[59] zufolge verbessern isoliert agierende Facebook-Pages weder das Ansehen, noch eignen sie sich als Verkaufskanal. Wofür sie tatsächlich taugen, ist, eine emotionale Botschaft zu verbreiten. Etwa 80 Prozent der Facebook-Fans stehen prinzipiell als Multiplikatoren zur Verfügung, wie dieselbe Studie ergab – allerdings lässt sich nur ein Bruchteil von ihnen tatsächlich dazu hinreißen zu liken, zu kommentieren oder zu teilen. Die Autoren der Studie sehen den Grund in der mangelnden Qualität der meisten Posts: Geteilt wird nur, wenn es tatsächlich eine sinnvolle, coole, unterhaltsame oder irgendwie sonst aktivierende Botschaft zu verbreiten gibt.[60]

Wer will seine Freunde schon mit irgendwelchen Produkt- oder Gewinnspiel-Links nerven? Ein Share des neuen Porsche-Clips mit einem smarten Zitat über Design: Dazu wird sich eine designaffine Zielgruppe schon eher hinreißen lassen. Intelligent aufgesetzte Kollaborationen bieten einen konkreten Aufhänger für alle Kanäle – auch fürs Online-Marketing. Doch die Reihenfolge muss immer heißen: Erst die Botschaft, dann die Umsetzung. Nicht: Wo müssen wir digital präsent sein, sondern: Was können wir digital präsentieren?

Und es gibt nach wie vor Geschäftsmodelle, die sich mit klassischen Kampagnen besser vermitteln lassen als mit den neuen Modellen – ganz besonders, wenn die Zielgruppe älter ist. Tante Herta wird ihren Fleischsalat auf absehbare Zeit nicht bei Amazon bestellen – da nutzt auch eine ausgefeilte Kooperation samt Online-Strategie nichts.

Eine kreative Kollaboration dagegen kann auch über die klassischen Kanäle vermittelt einen enormen Sog erzeugen. Douglas hat mit seinem Duett mit Helene Fischer im Weihnachtsgeschäft 2014 einen Volltreffer gelandet. Ein großer Schritt für Douglas, wo bis dahin nur die Werbemittel ausländischer Originalmarken für die Kommunikation zweitverwertet wurden. Dieses Mal wurde der Duft gemeinsam mit der prominenten Partnerin entwickelt, beworben und vertrieben. Das allerdings mit einer ganz klassischen Kampagne, auf den ganz klassischen Vertriebswegen und für die ganz klassische Douglas-Zielgruppe, die sich in hohem Maße mit der von Helene Fischer überschneidet.

Auch die neuen Kollaborateure betreiben letztendlich Zielgruppen-Kommunikation. Damit wäre allerdings auch schon das einzige Limit beschrieben für das, was geht. Tatsächlich können Marken mit geschickten Kollaborationen jedes strategische Ziel erreichen, wenn sie an den richtigen Reglern drehen.

DIE KOLLABORATION ZUM THEMA MACHEN

Etablierte wie junge Marken können gar nicht früh genug damit beginnen, sich nach geeigneten Partnern umzusehen. Die neue Form der Kollaboration funktioniert auf jedem Level. Je kleiner ich bin, desto mutiger muss ich sein, um aufzufallen und mein Nutzenversprechen kreativ zu transportieren. Je festgefahrener mein Image als etablierte Marke ist, desto mehr muss ich bereit sein, es für neue Einflüsse zu öffnen.

Den passenden Kooperationspartner finden Marken, indem sie nach Menschen oder anderen Marken suchen, mit denen sie gemeinsam für etwas stehen. Das kann der Spirit sein, der die Zielgruppen verbindet, die USP oder gemeinsame Wertetreiber – Freiheit und Abenteuer, Sicherheit und Behaglichkeit, Fashion und Glamour. Die Möglichkeiten sind praktisch unbegrenzt.

Im zweiten Schritt gilt es, das gemeinsame Thema in den Fokus der Kommunikation zu rücken. Und zwar so, dass es beide Partner gleichermaßen repräsentiert und die Kampfzone in die jeweils andere Zielgruppe hinein ausweitet. Der entscheidende Unterschied zur klassischen Kommunikation liegt darin, dass nicht das gemeinsame Produkt die zentrale Botschaft ist, sondern die Kollaboration an sich. Das Thema, das es virtuos zu bespielen gilt, sind gemeinsame Grundwerte. Sie werden spielerisch in Szene gesetzt, um einen Talk Value zu erzeugen, der konsumunabhängig funktioniert. Entertainment, Education oder Engagement first! Der Verweis aufs Produkt ist für die Kommunikation nachrangig. Er ergibt sich organisch aus der Neugier der neu zusammengewürfelten Zielgruppe, die das Interesse an den Produkten mindestens eines Partners bereits mitbringt.

Porsche setzt auf die Kollaboration mit einem modernen Entrepreneur, weil er Tugenden verkörpert, die in der Kommunikation von Porsche bisher fehlen. Dabei werden sie dringend benötigt, um die wichtigste neue Zielgruppe von Luxussportwagen zu erschließen. The Sartorialist lebt die Passion für sein Thema, versteht Trends und steht für Internationalität. Dieser Typus des Entrepreneurs ist das Role Model des 21. Jahrhunderts. Als Kollaborateur bedeutet er für Porsche eine Frischzellenkur: Endlich spricht die Traditionsmarke nicht mehr nur mit alten Pfeffersäcken, die in der Sansibar rumposen, sondern mit den Lebenskünstlern und Projektjongleuren, die von dieser Klientel früher bemitleidet wurden. Heute löst das Entrepreneurship Sehnsüchte aus. Porsche will, Porsche muss wollen, dass Porsche fahren heißt: Du bist dabei, du bist am Start, du bist Entrepreneur.

Es sind die Gemeinsamkeiten zwischen den Welten Auto und Fashion, die das Video thematisiert: Performance und ikonisches Design. Genau die Attribute, für die auch der neue Porsche steht. Die dieser Kollaboration Sinn verleihen. Nur konsequent also, dass auch der Clip ein Genre-Mix ist, keine klassische Verkaufspräsentation.

So zeigen die Partner ihre Liebe und erzeugen einen Sog bei den Fangemeinden beider Partner: in Formaten, die sich anfühlen wie Postkarten aus den Flitterwochen.

GEMEINSAM AUFFALLEN:
TIPPS FÜR KOLLABORATIONEN, DIE AUFSEHEN ERREGEN

Wie lautet das Erfolgsgeheimnis der neuen Kollaborateure? An welcher Stelle müssen wir umdenken, um die alten Kooperationen durch frische Kollaborationen zu ersetzen? Wie können wir als Markenmacher durch geschickte Partnerwahl unseren Brandship-Faktor erhöhen?

Indem wir aufhören, gedanklich und verbal um Produkte zu kreisen. Indem wir uns auf echte Beziehungen mit neuen Partnern einlassen, anstatt Testimonials einzukaufen. Und indem wir akzeptieren, dass es nicht um Verkaufsargumente geht, sondern darum, die Marke ins Gespräch zu bringen.

Die Paarberatung für Kollaborateure ist eine der effektivsten und spannendsten, aber auch eine der herausforderndsten Strategien, die Unternehmen zur Verfügung stehen, um in der neuen Markenwelt aufzufallen und nachhaltig im Gespräch zu bleiben. Das verlangt Markenmachern ganz neue Kompetenzen ab. Und die geistige Freiheit, synergetisch zu denken: über den Tellerrand einer Branche und den Zeitraum einer einzelnen Kampagne hinaus.

BRANDSHIP-FAKTOR KOLLABORATION

DAS POTENZIAL DER KOMMUNIKATION LIEGT IN DER KOLLABORATION AN SICH UND DEREN BOTSCHAFT, NICHT IM PRODUKT.

BRINGEN SIE IHRE MARKE DURCH KREATIVE PARTNERWAHL NEU INS
____ GESPRÄCH:

· *Scheren Sie sich nicht um Konventionen!* Erfolgreiche Kollaborateure müssen nicht offensichtlich zusammenpassen, sondern sind durch gemeinsame Ziele und Anliegen verbunden.

· *Denken Sie immer an den Talk Value!* Geteilt wird, was überraschend und aufregend ist – nicht das, womit jeder rechnet. Im Fokus der Kommunikation steht die Kollaboration an sich und deren Botschaft, nicht das Produkt.

· *Werden Sie selbst zum Role Model!* Mit einer gemeinsamen Botschaft inspirieren Sie neue Follower. Menschen binden sich an Marken, die die gleichen Ideen (und Typen) sexy finden wie sie selbst.

Marken, ob etabliertes Großunternehmen, traditionsreicher Mittelständler oder ehrgeizige Neugründung, brauchen die Bereitschaft, sich auf ein Date mit dem Unbekannten einzulassen. Und die gedankliche Freiheit, spielerisch mit den eigenen Werten umzugehen. Beziehungen brauchen die solide Basis gemeinsamer Werte, um zu bestehen. Und auch den kreativen Austausch, der von den Unterschieden lebt. Die neuen Kollaborateure beherrschen beides – und sorgen damit für Gesprächsstoff.

Wie der nerdige Kumpel und die heiße Blondine: Wer hätte das gedacht?

AUS KUNDEN WERDEN PARTNER:
WERTE STATT WORTE

Hallo da draußen, mein Name ist Ian Usher, und ich habe genug von meinem Leben. Ich möchte es nicht mehr, und du kannst es haben, wenn du willst.[62]

Mit diesen Worten stellte sich ein in Australien lebender Brite auf seiner Website vor. Dort konnten sich potenzielle Kunden über die Details seines Angebots informieren, das weltweit Schlagzeilen machte: Der Mann versteigerte 2008 sein »ganzes Leben« bei Ebay.

Auf der Online-Plattform, die Anbieter und Bieter zusammenbringt, kam schon alles Mögliche unter den Hammer: der angeblich originalgetreue Nachbau der sogenannten »Papierkugel Gottes«, die beim UEFA-Cup-Spiel zwischen dem HSV und Werder Bremen 2009 entscheidenden Einfluss auf das Ergebnis nahm, indem sie den Ball auf dem Platz ablenkte. Eine Mikro-Ortschaft in Sachsen, bestehend aus einem Gehöft, einem Tante-Emma-Laden und zwei Ortsschildern. Die »kaum gebrauchte« Seele eines 14-Jährigen aus Seattle, auf die der Bieter allerdings bis zum Ableben des Verkäufers zu warten hat.[63]

Warum also nicht auch ein ganzes Leben?

Anbieter Ian Usher zog die Nummer konsequent durch: Zum Verkauf kamen nicht nur sein vollständig eingerichtetes Haus samt Unterhaltungselektronik, kompletter Sopranos-DVD-Sammlung, Motorrad und Paragliding-Ausrüstung, sondern auch seine Freundschaften und sein Job. Irgendwie schaffte es der Teppichhändler, seinen Arbeitgeber dazu zu überreden, dem Käufer zumindest eine 14-tägige Probezeit zuzusichern. Umgerechnet etwa 245.000 Euro erzielte Usher letztendlich für seine Existenz – weniger, als er gehofft hatte. Ein zwischenzeitlich eingegangenes Millionengebot entpuppte sich als Fake. Doch letztlich ging Ushers Rechnung einigermaßen auf.

Grund für die Aktion: Er war mit seiner Frau nach Australien gezogen, hatte für sie dieses Haus gebaut, und dann hatte sie ihn verlassen. Der Lebensentwurf war gescheitert, und er hielt es zwischen all den Erinnerungen nicht mehr aus. Nun wollte er neu anfangen, erst einmal um die Welt reisen, und dabei nichts anderes mitnehmen als seine Brieftasche und seinen Reisepass. Der Erlös der Auktion bildete sein Startkapital in ein neues Leben. Gleich nach dem Ende der Auktion fuhr er zum Flughafen.[64]

Usher hat seitdem Geschmack daran gefunden, seine eigene Ware zu sein: Heute verkauft er seine Lebensgeschichte als Reisender und Abenteurer in Form von Bühnenauftritten und Texten. Damit hat er es immerhin zu diversen Fernsehauftritten rund um den Globus, zu Auftritten als Redner auf der TED-Bühne und zu einer Kooperation mit Virgin Airlines gebracht.[65]

Der Fall ist mehr als ein besonders skurriles Exponat aus dem Kuriositätenkabinett der Internet-Biografien: Ian Ushers Identitätsversteigerung ist ein Symbol einer gewaltigen, nie dagewesenen Ermächtigung des Konsumenten. Bei Ebay ist der Kunde nicht nur Käufer, sondern auch Verkäufer. Sogar die Lagerung, Lieferung und in vielen Fällen sogar Produktion der Waren übernimmt er selbst. Die Waren von Ebay dagegen sind einzig und allein: Daten.

Die Story von Ian Usher zeigt, was Unternehmensmodelle wie Ebay eigentlich bedeuten: Sie haben zu einer Reinterpretation des Verhältnisses zwischen Marken und Menschen geführt. Dass Menschen ihre gesamte materielle Existenz und sogar sich selbst im Internet gewinnbringend anbieten, zeigt: Der Einzelne ist sich inzwischen der Tatsache bewusst, dass er nicht mehr nur Kunde ist, sondern auch die eigentliche Ware der Unternehmen. Nicht nur bei Plattformen wie Ebay, sondern nach und nach bei jeder Form von Geschäftsmodell.

Das Kapital, das bei fast jedem Deal inzwischen stillschweigend mitverhandelt wird: vielleicht nicht gleich das ganze Leben, aber doch die persönlichen Daten. Und für die will der sogenannte Kunde mehr als eine Datenschutzerklärung. Er will eine Gegenleistung. Er will Zugang zum Leben der Marke – im Gegenzug dafür, dass er ihr Zugang zu seinem Leben gewährt.

DER FREIZÜGIGE KUNDE

Das Interesse von Marken an den Daten ihrer Kunden, Fans und Partner hat längst gewaltige Ausmaße angenommen. Einige der erfolgreichsten Geschäftsmodelle auf dem Planeten, allen voran Google, Facebook, Apple und eben C2C-Plattformen wie Ebay, beruhen allein auf den Daten der User. Grundlegend für deren Erfolg ist, dass wir entgegen aller Kritik an der Datensammelwut von NSA und Co. prinzipiell weniger Probleme damit zu haben scheinen, Unternehmen unsere Daten anzuvertrauen. Im Gegensatz zu den Daten, die Behörden über uns erheben, geben wir sie den Unternehmen sogar freiwillig. 79 Prozent der Online-Käufer legen ihre Daten bereitwillig offen, wie das Eurobarometer der Europäischen Kommission ergab.[66]

> Wie gehe ich als Marke sinnvoll mit dem Seelenstriptease des Kunden um?

Und das, obwohl nur 18 Prozent derselben Peer Group den Eindruck haben, die vollständige Kontrolle über ihre Daten zu besitzen.[67]

Nicht nur, wenn wir bei Online-Händlern unsere Adresse und Kreditkartennummer hinterlegen, geben wir Daten preis, sondern bei jedem Klick auf den Like-Button bei Facebook. Alles ist inzwischen trackbar und kann für die Auswertung unseres Konsumverhaltens herangezogen werden: Jede Suchanfrage bei Google, jede persönliche Vorliebe in einem Online-Profil, jeder Produktlink, den wir mit Freunden teilen. Alles zu einem Zweck: unsere Bedürfnisse zu verstehen.

Die Frage ist: Wie gehe ich als Marke sinnvoll mit dem Seelenstriptease des Kunden um? Und welche Gegenleistung verlangt er dafür, dass er uns alles gibt, was er ist?

ANSPRÜCHE AUF AUGENHÖHE:
VERTRAUEN IST DIE NEUE WÄHRUNG

Fakt ist: Selbst die großen datenbasierten Geschäftsmodelle, die sich in den ersten Jahren des Internet-Booms einfach nahmen, was sie über ihre Kunden wissen wollten, sind vorsichtiger geworden. Selbst Google und Co. geben sich inzwischen sehr große Mühe, ihren Usern zu erklären, was sie mit ihren Daten tun. Ebay etwa fährt eine regelrechte Aufklärungskampagne, um den Nutzern die Vorteile des Bezahlens mit Paypal zu vermitteln. Das Unternehmen geht dabei extrem sensibel vor, denn bei Geld hört der Spaß auch online auf. Ein Bezahldienst, der Banken und Kreditunternehmen auch über Ebay hinaus – und inzwischen sogar als selbstständiges Unternehmen – Konkurrenz macht, muss extrem seriös aufgestellt sein. Ganz besonders, wenn man ihn auch noch zur bargeldlosen Zahlung in der analogen Welt verwenden soll – per Smartphone-Dienst. Paypal auf dem Weg zur Full-Service-Bank der Zukunft: Dieser Sprung muss den Kunden gut verkauft werden, damit er nicht über die Klippe geht.

Ein Warnschuss in der Debatte um die Datensicherheit auf Unternehmensseite war in Deutschland zum Beispiel der Aufruhr über einen Plan der Auskunftei Schufa. Die Schuldenauskunftsstelle stellt Unternehmen Informationen über die Kreditwürdigkeit von Personen zur Verfügung. Entsprechend groß ist ihr Hunger nach Daten: Die Schufa weiß, wer wann ein Konto eröffnet, einen Kredit beantragt und wieder abbezahlt hat und wie viele Kreditkarten jeder Deutsche in seiner Brieftasche mit sich herumträgt. 479 Millionen Einzeldaten von 66,2 Millionen Menschen, die nur dazu dienen, die Kreditwürdigkeit mit einem Prozentwert zu ermitteln.[68] Das alles tut die Schufa, ohne dass wir wirklich wissen, wer die eigentlich sind und was dort eigentlich genau mit unseren Daten gemacht wird.

Lange ging das gut, doch dann ging die Schufa einen Schritt zu weit und geriet gewaltig ins Kreuzfeuer. Im Sommer 2012 wurde bekannt, dass die Schufa auch soziale Netzwerke, also die Hüter unserer privatesten Daten, in die Beurteilung der Kreditwürdigkeit einbeziehen wollte. Da zog die Netzgemeinde eine rote Linie, und nicht nur die: Verbraucherschützer und Politiker stuften das Vorgehen als Grenzüberschreitung bei der Erfassung persönlicher und geschützter Daten ein. Die Schufa, durch das Rampenlicht in ihrer Schattenexistenz bedroht, zog die Pläne eilends zurück.[69]

Was sogar der allmächtigen Schufa gefährlich werden konnte, kann für jede Marke den Todesstoß bedeuten: Vertrauenswürdigkeit ist der oberste Anspruch der neuen Kunden. Bei Verstoß droht Bankrott. Auch die Deutsche Bank hat durch ihre Skandale viele Kunden verloren – Vertrauensverlust gleich schmerzliche Einbußen. Nicht einmal Facebook ist heute vor Massenaustritten sicher, wenn die Kalifornier den Datenschutz mal wieder nicht ernst genug nehmen. User wissen heute, dass die Preisgabe ihrer Daten ihnen Macht verleiht. Sie erwarten Aufklärung. Sie erwarten einen sensiblen Umgang mit ihren Daten. Und sie wollen für ihre Daten eine Gegenleistung, die über den puren Konsum hinausgeht: Sie wollen als Partner auf Augenhöhe wahrgenommen werden. Nicht nur in der Kommunikation über Datensicherheit, sondern in allen Aspekten der Beziehung zwischen Mensch und Marke.

Die Menschen mögen bereit sein, ihre Daten preiszugeben. Aber nur, wenn sie die Marke als vertrauenswürdig einstufen. Vertrauen ist die neue Währung in der Markenkommunikation.

Und eine verdammt harte Währung dazu. Die Art, wie Unternehmen heute mit den Daten ihrer Kunden umgehen, hat sich zu einem differenzierenden Faktor am Markt entwickelt. Die neuen Kunden wollen nämlich nicht nur wissen, dass ihre Daten sicher sind – sie wollen auch erleben, dass sie in einen spürbaren Mehrwert transformiert werden. Das stellt Marken vor ganz neue Herausforderungen, die weit über die klassischen Erfordernisse der Kommunikation hinausgehen und bis tief in die DNA der Marke hineinreichen.

THE MESSAGE IS PERSONAL AGAIN

78

Kunden erwarten heute nicht weniger als eine maßgeschneiderte Ansprache. Für Marken bedeutet das: Sie müssen genau den richtigen Punkt auf dem schmalen Grat zwischen Transparenz und Überwachung erwischen, wenn sie den Kunden nicht abstoßen, sondern anziehen wollen. Das ganze

Markenerlebnis muss sich an den Userdaten orientieren und in eine Ansprache münden, die den Kunden genau bei seinen tagesaktuellen Bedürfnissen abholt. Nicht nur in puncto Sicherheit, sondern auch auf Produkt- und Lifestyle-Ebene.

Vertrauen ist eine Währung, die auf jedem Markt gültig ist. Und die maßgeschneiderte Kundenansprache ein Dauerauftrag, für den jede Marke individuelle Lösungen finden muss: Wir kennen dich, wir sind für dich da – aber wir gehen dir nicht auf den Zeiger.

Die gute Nachricht ist: Die Daten machen diese Herausforderung tatsächlich zu einer lösbaren Aufgabe. Konnten Unternehmen früher nur am Absatz und schnell veralteter analoger Marktforschung ablesen, welche Produkte funktionierten und welche nicht, ist der Einblick in die Kundenseele heute viel umfassender. Trackbar ist in Zeiten von Cookies und Co. nicht nur das Kaufverhalten, sondern auch der Entscheidungsweg des Konsumenten. Dieser Rundumblick versetzt Marken in die Lage, eine ganz neue Perspektive auf die Bedürfnisse ihrer Kunden einzunehmen, flexibler zu agieren und direkter zu interagieren. Die Informationsgrundlage kann genutzt werden, um ganz neue Entscheidungen zu treffen, wie man Kunden begegnen, begeistern und binden kann.

Manche Marken sind darin schon heute richtig gut.

KLISCHEES SIND ZUM SPIELEN DA

Töchterchen ist in Fahrt: »Mann, warum denn nicht?« *plopp* »Warum darf ich nicht zum Festival?« *plopp*

Mama bleibt gelassen: »Du bist 15«, ist ihre einzige Antwort, vorgetragen mit einem süffisanten Grinsen.

Töchterchen tickt daraufhin so richtig aus und tut ihr Bestes, um das gesamte Kücheninventar zum Krachen und Knallen zu bringen. Doch mehr als ein gedämpftes *Plopp* ist keiner Schublade zu entlocken. Die Küche hält die Attacke aus. Genau wie Papa, der in aller Seelenruhe schweigend sein Frühstück genießt.

»Mann, bitte Papa«, brüllt das Teenie-Monster wiederholt, und wirft sein ganzes Körpergewicht beim Versuch in die Waagschale, mit den Türen der Oberschränke ordentlich Lärm zu machen. Fehlanzeige: Die sind gedämpft und lassen sich nicht zuschlagen.

»Gemacht, um ganz viel Leben auszuhalten«, konstatiert der IKEA-Standsprecher mit schwedischem Akzent schließlich, während die übrigen Familienmitglieder sich ins Fäustchen lachen.

Die Botschaft: Wir wissen, was Familien aushalten müssen. Deshalb bauen wir Möbel, die das Familienleben aushalten.

IKEA beweist bereits seit Jahren, dass man kein Onliner sein muss, um sich der Möglichkeiten der neuen Form von Marktforschung kreativ zu bedienen – selbst wenn das Ergebnis ein ganz klassischer TV-Spot ist. Das zeigt, neben der Töchterchen-Attacke von 2011, auch der Spot von 2015, der die männliche Zielgruppe der Marke in ein ganz neues Licht rückt.

Wild knutschend kommt ein junges Paar nachts in der Wohnung an und beginnt sich die Klamotten vom Leib zu reißen. Ein Teil nach dem anderen wirft sie in seine Richtung, bis sie sich nur noch in aufreizender Unterwäsche auf dem Bett rekelt. Doch anstatt sich zu ihr zu gesellen, verfällt er einer anderen Versuchung: Ordnung. Stück für Stück sortiert er sein Outfit sorgsam in den effektvoll beleuchteten Kleiderschrank ein. Der bietet nämlich jedem Teil seinen festen Platz – was der junge Mann seiner Herzensdame stolz vorführt, die ihn mächtig genervt vom Bett aus beobachtet. Sitzen gelassen für einen Kleiderschrank …

Die Schweden spielen nicht aus reiner Lust am Gag mit den etablierten Klischees von weiblich und männlich, die hier aufs Korn genommen werden. Vielmehr wollen sie jungen Männern demonstrieren: Wir glauben nicht mehr an die alten Klischees. Wir kennen euch. Wir wissen, was ihr wirklich wollt. Wir bauen Möbel, die zu euch passen, sich in euer Leben integrieren.

Die Schweden haben offensichtlich im gründlichen Austausch mit ihrer Zielgruppe herausgefunden: Junge Männer von heute sind in puncto Haushalt ganz und gar nicht die Chaoten, zu dem das Klischee sie macht. Längst leben sie ihre Vorliebe für hochwertiges Werkzeug auch in der Küche aus, bringen ihr technisches Know-how in verknotungsfreie kabellose

Entertainment-Lösungen ein und erfreuen sich auch im Schlafzimmer an einem cleanen, minimalistischen Look. Kurz: Junge Männer haben eine Leidenschaft für Ordnung. Und IKEA will, dass sie wissen, dass IKEA das weiß: »Im Schlafzimmer geht's manchmal ganz schön leidenschaftlich zu«, steht in der YouTube-Beschreibung des TV-Spots: »beim Thema Ordnung zum Beispiel.«[70] Im Clip bringt der Sprecher die These auf den Punkt: »So verführerisch kann Ordnung sein.«[71]

Die Frauen, die diese Spots besonders gern sehen, treffen hier auf ihr neues Wunsch-Männerbild: emanzipierte, ordnungsliebende Typen, die dem Machotum entsagt haben. Wer lieber seine Socken ordentlich wegräumt, als sich auf die lockende Blondine zu stürzen, der ist Marriage Material, also ehetauglich! Dieser Effekt ist natürlich mit einkalkuliert: Die Kaufentscheidung für einen Kleiderschrank treffen bei aller Emanzipation des ordnungsliebenden Mannes immer noch die Damen. Vor allem sie muss der Spot unterhalten – auch und gerade, wenn er mit männlichen Klischees spielt.

Woher IKEA weiß, dass ausgerechnet das vermeintlich langweilige Thema Ordnung junge Männer mit ihren Frauen in die Märkte oder den Online-Shop locken kann? Darüber lässt sich qualifiziert spekulieren: Herauszufinden, welche Produkte bei jungen Männern zum Beispiel auf der IKEA-Seite hoch im Kurs stehen, lässt sich durch eine Auswertung der Klicks auf der Website leicht identifizieren. Marktforschungsergebnisse, die weit über die IKEA-eigenen Möglichkeiten hinausgehen, sind leicht zugänglich und gehören heute zum Handwerkszeug der Agenturen ganz selbstverständlich dazu.

Die Informationen zu bekommen, die Marken brauchen, um die Bedürfnisse ihrer Kunden bis ins Detail auszuleuchten, sind Kleinigkeiten. Die Kunst liegt darin, diese Informationen in eine Kommunikationsstrategie zu gießen, die den Kunden suggeriert: Wir haben verstanden.

Das Beispiel zeigt, dass Kommunikation umso breiter wirken kann, wenn sie ganz kleinteilig ansetzt. Das mit dem Spot beworbene Schranksystem zeichnet sich durch seine Konfigurierbarkeit aus: Wie ein Baukasten kann das persönliche Ordnungssystem im Schlafzimmer auf die eigenen Bedürfnisse angepasst werden. Exterieur und Interieur können Element

81

für Element zusammengestellt werden – Effektbeleuchtung eingeschlossen. Wenn man das so hinschreibt, liest es sich wie ein wahrgewordener Männertraum: Konfigurierbarkeit, Baukasten, Exterieur und Interieur – da schlagen Männerherzen höher. Eine Wohnwerkstatt für Selbermacher. Bauen, spielen und ein bisschen angeben. Auch Frau freut sich, wenn der Mann im Haus seinen Spieltrieb an vernünftigem Spielzeug austobt. Da investiert sie doch gern in die neue Schrankwand.

Da sind sie dann doch wieder, die alten Männerklischees: neu interpretiert für den metrosexuellen Städter, der mehr Klamotten im Schrank hat als seine Freundin. Die Erben von Tim Taylor, dem Heimwerker-King aus *Hör mal, wer da hämmert*, brauchen nun selbst Platz im heimischen Kleiderschrank, und haben ihn deshalb als Spielwiese entdeckt. DIYler sind sie immer noch, nur besteht ihre Garderobe inzwischen aus mehr als einem Karohemd und einem Werkzeuggürtel. IKEA hat's gemerkt und mit dem Spot einen Volltreffer gelandet. Selbst die notorisch nörgelige Netzgemeinde ist voll des Lobes in den Kommentaren unter dem Video-Upload. Kein Zufall, sondern smartes Kalkül seitens des Möbelgiganten: »Unser individuelles PAX-Kleiderschranksystem ist eben so anziehend, dass selbst Männer [trotz leicht bekleideter Dame in lasziver Pose] nur noch Augen für Ordnung haben. Das bringt dieser Spot mit einem Augenzwinkern herüber«,[72] erläutert Nina Kirschke die Idee, die die Agenturgruppe thjnk nach einer Vorlage aus Schweden für den deutschen Markt entwickelte. Kirschke ist ihres Zeichens – Achtung! – »External Communications Manager« bei IKEA Deutschland.

Genau darum geht es bei der maßgeschneiderten Zielgruppen-Ansprache: Zu merken, woher der Wind weht, und den Nutzen des eigenen Produkts durch geschicktes Spiel mit diesem Insiderwissen auf den Punkt zu bringen.

IM BOOT MIT DEM KUNDEN

Crowdsourcing ist ein Modell, auf dem der Erfolg vieler neuer Marken beruht. Ähnlich dem Outsourcing, das im Zuge der Globalisierung zum Schlagwort der Stunde wurde, bezeichnet es eine Form der Auslagerung von Aufgaben oder Projekten aus dem Unternehmen. Auch das Crowdsourcing stellt eine Öffnung nach außen dar. Nur richtet es sich nicht an Partnerunternehmen, sondern an eine bestimmte Community – im herkömmlichen Sinne an eine Gruppe von Internetnutzern. Viele Start-ups sind in den letzten Jahren auf diese Weise groß geworden. Grund genug auch für etablierte Marktführer, sich mit dem kommunikativen Effekt dieser Form des Involvements zu beschäftigen. Denn nicht nur Aufgaben und Projekte lassen sich auslagern, sondern auch Entscheidungen. Und wenn das Ziel einer Marke lautet, die Bedürfnisse ihrer Community zu ermitteln, was liegt da näher, als sie gleich in die Entscheidungsprozesse einzubeziehen?

Der Marktführer bei Kartoffelchips, funny-frisch, ist mit der funny-frisch-Chipswahl genau diesen Weg mehrere Jahre in Folge gegangen. Die Fußball-Weltmeisterschaft bot sich im Jahr 2014 als Aufhänger regelrecht an: Nie sind Chips gefragter als während eines solchen TV-Großereignisses. Im Vorfeld der WM gingen deshalb drei neue Sorten mit Länder-Branding in einer Fanbox an den Start, aus denen Deutschland seinen Favoriten wählen konnte. So erhöhte die Marke das Interesse an der aus der Wahl resultierenden Produkterweiterung des funny-frisch-Sortiments.

Die Wirkung auf die Zielgruppe: Wir setzen euch nicht einfach ein Produkt vor, sondern fragen euch, was ihr haben wollt. Redet mit, sucht aus, wir hören auf euch. Auf diese Weise konnte die Marke den Fans eine klare Botschaft senden und ganz nebenbei den Umsatz während der WM maximieren: Ihr seid für uns Partner auf Augenhöhe.

Im Gegensatz etwa zu einem klassischen Gewinnspiel reduzieren Crowdsourcing-Maßnahmen und vergleichbare Involvement-Strategien die Distanz zwischen Marken und Menschen. Ein Gewinnspiel bleibt immer eine Lotterie. Der User hat dabei nie das Gefühl, direkten Einfluss auf seine Gewinnchance, geschweige denn die Marke selbst nehmen zu kön-

> **Redet mit, sucht aus, wir hören auf euch.**

83

nen. Eine abgegebene Wählerstimme dagegen hat einen definitiven Effekt, sie macht mich zum Teilnehmer. Gerade für große Konzerne, die als unzugänglich und unnahbar wahrgenommen werden, ist das eine große Chance, Marktanteile zu halten und auszubauen.

Um zu verstehen warum, braucht man keine höhere Mathematik: Wenn der Kunde mehrere starke Marken zur Wahl hat, kauft er im Zweifel die, die in seinem Bewusstsein auf positive Weise präsent ist – zu der er gefühlt eine Beziehung hat. Deshalb gibt die Beziehungspflege an einem konkurrenzstarken Markt den Ausschlag für die Kaufentscheidung. Da es die neuen Möglichkeiten des Involvements nun einmal gibt, werden sich immer mehr Marken ihrer bedienen und sich in ihrer Spielfreude gegenseitig überbieten. Wer mit seiner spielerischen Aufbereitung den Kundennerv am besten trifft, hat die Nase vorn.

Involvement geht natürlich nicht nur auf Produktebene. Marken können auch die Hand ausstrecken, indem sie sich für Zwecke engagieren, die gemeinsame Werte mit der Zielgruppe unterstreichen. Die Eiscreme-Marke Ben&Jerrys hat sich seit ihrer Gründung für Nachhaltigkeit engagiert. Das Unternehmen verwendet beispielsweise 100 Prozent fair gehandelte Rohstoffe für seine Produkte. Die Gründer Jerry Greenfield und Ben Cohen ließen sich diesen Grundsatz auch bei der Übernahme durch den Unilever-Konzern im Jahr 2000 in den Vertrag schreiben.[73]

Heute haben die Gründer keinen direkten Einfluss mehr auf das Management ihrer Marke, betreiben jedoch als »Markenbotschafter« weiterhin Kommunikation für ihr Unternehmen. Eine der jüngsten Maßnahmen: der Start-up-Preis »Ben&Jerry's Join Our Core«. Die Marke vergibt einen Preis, finanzielle Unterstützung und ein Mentorenprogramm an europäische Nachwuchsunternehmen, deren Geschäft nachhaltig ist, also eine soziale Komponente hat oder den Umweltschutz fördert. Zusätzlich wird eine eigene Eissorte nach dem Preisträger benannt.[74]

Spannend für die Fangemeinde einer Kultmarke wie Ben&Jerry's ist das, weil die Kaufentscheidung für die Marke nicht zuletzt mit deren unkonventionellem Engagement für Zwecke zu tun hat, die so gar nichts mit Eiscreme gemein haben. Bereits 1988, noch mitten im Kalten Krieg, brachten die Gründer ein Schokoladeneis am Stiel auf den Markt, das »Peace

Pop« hieß. Auf den Verpackungen kritisierten sie die exorbitant hohen US-Militärausgaben. Und nach der Wahl Obamas zum ersten schwarzen Präsidenten der Vereinigten Staaten brachten die Kalifornier eine Sorte mit dem Namen »Yes, Pecan« auf den Markt.[75]

Politische Aktionen haben also Geschichte bei Ben&Jerry's: Die Gründer haben viel früher als die Konkurrenz erkannt, dass eine Marke mehr sein kann als ihr Produkt. Damit waren und sind sie glaubwürdige Pioniere an einem Markt, der immer stärker vom Nachhaltigkeitsparadigma durchdrungen wird – sogar nach der Übernahme durch einen Konzerngiganten. Der hat seinerseits gut daran getan, die beliebten Gründer als Markenbotschafter im Boot zu behalten, denn sie prägen das persönliche, kundennahe Image der Marke.

Das Beispiel zeigt: Werte muss man nicht neu erfinden, um an den neuen Kommunikationsformen zu partizipieren. Auch ein etablierter Markenkern lässt sich auf neuen Wegen transportieren. Auf diese Weise lassen sich neue Zielgruppen über Werte erschließen, während bestehende Kunden die Kontinuität zu schätzen wissen. Der rote Faden, der sich durch die gesamte Kommunikation zieht, ist letztlich das Involvement.

Übrigens: Auch Ben&Jerry's hat in der Vergangenheit schon einmal die Kunden entscheiden lassen, welche neue Sorte es ins permanente Sortiment schafft. Involvement ist keine Kampagnenidee, sondern eine Philosophie. Deshalb ist eine Involvement-Kampagne immer nur ein Teil einer langfristigen Kommunikationsstrategie, die auf aktive Einbeziehung ausgelegt ist. Und die beruht auf einer Haltung: Augenhöhe.

REIN INS ECHTE LEBEN

Wer sich den Schuh des Kunden anziehen will, kann ihm dabei auch leicht auf die Füße treten. Menschen wollen von Marken verstanden werden, nicht belästigt. Und nicht alle Informationen, insbesondere auf emotionaler Ebene, lassen sich direkt tracken. Marken brauchen eine Art interne Intelligence-Trendscouts, die die Stimmung in der Zielgruppe praktisch in Echtzeit verfolgen. Wir müssen heute permanent am Puls der Community hängen. Dafür müssen Agenturen und interne Experten eigene Methoden und Prozesse entwickeln.

Sich in den Kunden und seine Bedürfnisse hineinzuversetzen, nehmen viele Unternehmen deshalb inzwischen wörtlich. So veranstalten manche Marken Consumer Days, bei denen die Mitarbeiter tatsächlich in die Rolle des Kunden schlüpfen: Sie verlassen den Elfenbeinturm der Marktforschung und tauchen live ins echte Leben der Zielgruppe ein. Das funktioniert wie ein Treffen im Freundeskreis: Mitarbeiter des Unternehmens oder der Agentur verabreden sich mit ganz normalen Konsumenten, die zum Beispiel durch Beteiligung an Aktionen ihr Interesse an der Marke bekundet haben. Die besuchen sie zum Kaffee oder zum Lunch. Wenn es zum Thema passt, auch mal auf ein Bier in der Lieblingskneipe oder zum gemeinsamen Shopping-Trip. In meiner Agentur entstehen aus solchen Aktionen häufig sogar 24-Stunden-Consumer-Journeys, die ganz neue Einblicke erlauben und eine ganz neue Entscheidungsgrundlage bieten. Gleichzeitig fühlen die Kunden sich ernst genommen und erleben die Marke als nahbar, weil personifiziert. Das nimmt großen Einfluss auf die emotionale Bindung ans Unternehmen.

Die Kommunikationsprofis werden bei den Consumer Days zu Freunden oder Familienmitgliedern des Konsumenten auf Zeit. Der Vorteil: Wir können produkt- oder imagerelevante Themen direkt besprechen und den Alltag der Community live erleben. In vertrauter Atmosphäre und ohne distanziertes, durchnormiertes Mafo-Setting. Dabei lassen sich Informationen beschaffen, die durch Umfragen oder Klickraten eben nicht zu bekommen sind. Rexona-Mitarbeiter beispielsweise bestritten einmal eine Klubnacht mit Verbrauchern. Zentrale Frage: In welchen Momenten darf das Deo auf keinen Fall versagen? Ich selbst saß bei einem Consumer Day für eine Zigarettenmarke einmal im Wohnzimmer eines Mehrgenerationen-Haushalts in der Sozial-Platte, wo sich Omi, Eltern, Kids und deren aktuelle Lover beim Zigarettendrehen im Schichtdienst abwechselten. Schachteln sind inzwischen ja viel zu teuer. Nach diesem Ausflug ins Paralleluniversum kamen wir schnell auf neue, bodenständigere Antworten auf die Frage, wie sich bestimmte Tabakprodukte heute in der Zielgruppe verankern lassen. Im Büroloft wären diese Erkenntnisse wohl ausgeblieben.

Das Eintauchen ins echte Leben der Zielgruppe bietet zudem immer wieder auch unvorhergesehene Nebeneffekte: Werbe-Touchpoints, auf die wir am Schreibtisch nie gekommen wären. Es führt uns vor Augen, wo realistische, alltägliche Berührungspunkte mit der Marke liegen und in welchem Kontext Produkte Anwendung finden. Wir erfahren, wo, wann und wie innerhalb der Zielgruppe ganz natürlich Empfehlungen ausgesprochen werden, ohne dass sie aufgesetzt wirken. Und wir entdecken (produktunabhängige) Themen, die in der Zielgruppe gerade angesagt sind, und erleben typische Einstellungen und Verhaltensweisen aus erster Hand.

Das ist eine Basis für neue Kommunikationskonzepte, die wirklich ins Schwarze treffen. Die Mutter aller Fälle: Dove entwickelte auf dieser Grundlage die »Jede Frau ist schön!«-Kampagne und sorgte mit einer unkonventionellen Entscheidung für großes Aufsehen: ganz normale Frauen als Models einzusetzen.

Consumer Journeys sind eine Strategie zur Informationsgewinnung, der sich hauptsächlich große Unternehmen wie Unilever, Reemtsma, Henkel oder Beiersdorf bedienen. Anders ausgedrückt: Möglicherweise ist der Erfolg mancher kleiner Kultmarken der letzten Jahre darauf zurückzuführen, dass sie auf genau diese Weise entstanden sind: Eco Fashion Labels, Bio-Food Entrepreneurs, Lifestyle-Bikershops und so weiter. Die Geschäftsidee solcher Start-ups kommt mitten aus der Zielgruppe, nämlich mitten aus dem Leben der Gründer. Deren Businessplan beruht darauf, dass sie ihre eigenen Bedürfnisse skalieren. Sie leben also ganz organisch den Prozess vor, den Konzerne erst aufwendig aufsetzen müssen: Gründer gleich Kunde, Markencommunity gleich Freundeskreis. Selbst heute große Marken wie Apple (Garagengründung) oder auch Ben&Jerrys (Eisdiele in Kalifornien) wurden einmal auf diese Weise geboren.

Viele größer angelegte digitale Marken starten dagegen als Kopfgeburt von Programmierern und Entrepreneuren mit Geschäftssinn: Outfittery, Urbanara, westwing, Mr. Spex, Lieferheld und Co. Sie treibt eher der Innovationsgedanke auf Grundlage der technischen Möglichkeiten. Doch auch sie holen früher oder später Experten und Multiplikatoren für ihr eigentliches Thema hinzu, weil sie wissen oder merken: Ohne diesen Zugang geht es ab einem bestimmten Punkt nicht mehr weiter. Leider realisieren sie das oft viel zu spät. Stattdessen verbrennen sie in den ersten Jahren viel Geld, weil sie zu viel Budget in den Mediaplan stecken und zu wenig in das übergeordnete Kommunikationskonzept. 7Ventures und ähnliche TV-Ventures sorgen dafür: Sie kaufen Beteiligungen an den Unternehmen ein und liefern Gegenwert in Form von Bildschirmzeit, um ihre Werbeblöcke überhaupt noch voll zu kriegen – ohne dass die jungen Unternehmen darauf großen Einfluss hätten. Wenn dagegen die Kommunikation von Beginn an strategisch zur Markenkompetenz passend aufgesetzt wird, kann zielgerichtet und ressourcenkompatibel geworben werden.

Ob als Markenursprung oder als geschickt aufgesetzter Prozess: In beiden Fällen demonstriert der Erfolg des Zielgruppendialogs, dass Marken heute gar nicht nah genug am Puls ihrer Community sein können – solange sie sich anständig benehmen und ernsthaft dazugehören wollen. Wer stört, fliegt raus, ob bei der Informationsgewinnung oder bei der Zielgruppenansprache. Wie der Unbekannte beim Kneipenabend, den irgendjemand mitgebracht hat und der auf den ersten Blick gar nicht in die Gruppe passt. Dazugehören wird er nur, wenn er sich als sympathisch erweist und als Typ die Truppe ergänzt. Eine Marke, der das gelingt, ist live dabei, wenn die spannenden Sachen passieren – beim Männerabend, beim Abtanzen, am Küchentisch.

Die neuen Kunden suchen das Soziale. Sie wollen an der Ansprache erkennen, dass sie mit ihren Bedürfnissen ernst genommen werden. Ein Anspruch, den viele Marken bei aller Euphorie über die, hoppla, »sozialen« Netzwerke meist noch verfehlen.[76] Kunden, auch und gerade die anspruchsvollen, wünschen sich Nähe. Sie sind zur Partnerschaft bereit. Die Frage ist nur: Ist Ihre Marke es auch?

DIPLOMATIE UNTER KUMPELS

Viele Marken, gerade im Alltagsconsumerbereich, vergeben neue Chancen, indem sie an alten Methoden festhalten. Angesichts der neuen Möglichkeiten haben sich manche Werbestrategien als obsolet erwiesen, die am Markt erstaunlicherweise dennoch hartnäckig präsent sind: Relikte des alten

Push-Selling, die an den neuen Kunden einfach vorbeigehen und die Unternehmen unnötig Geld kosten. Nur noch wenige Kunden interessieren sich beispielsweise für die altgedienten Sonderangebotsbroschüren im Briefkasten. Die Psyche des Kunden ist sehr komplex; ganz besonders bei Themen wie Privatsphäre und Freiwilligkeit. Den Newsletter mit personalisierten Angeboten habe ich selbst bestellt und kann ihn auch jederzeit wieder abbestellen. Die blöde unpersönliche Broschüre dagegen landet Woche für Woche im Briefkasten, obwohl ich nie darum gebeten habe.

Die alten Push-Methoden zeichnen sich durch zwei zentrale Merkmale aus: Sie sind erstens unpersönlich und geben dem Kunden deshalb das Gefühl über einen Kamm geschoren zu werden. Der ist es nämlich gewöhnt, dass ihm passende Produkte vorgeschlagen werden. Und sie sind zweitens aufdringlich, denn der Kunde hat das alles nie gewollt. Klinkenputzen: Das ist in der neuen Markenwelt ein absolutes Armutszeugnis.

Auch online gibt es inzwischen überholte Methoden, die dem sensibilisierten Kunden gehörig die Laune verderben können. Damals, in den späten 1990er und frühen 2000er Jahren, sind wir alle ins Netz gestürmt wie die wilden Hippies. Mit jedem sind wir ins digitale Bett gestiegen, weil wir es nicht besser wussten. Das waren die Zeiten, in denen wir »das Internet« behandelten wie eine neue Zielgruppe, die es schnellstmöglich zu erobern und zu vereinnahmen galt. Heute ist das Internet die Verlängerung der Realität mit anderen Mitteln, wo alle Zielgruppen ganz natürlich präsent sind. Jede Stilgruppe hat dort ihre eigenen Kanäle, die es zu bespielen gilt, und es werden täglich mehr. Das Internet ist kein Neuland mehr, sondern ganz organischer Bestandteil jeder Kommunikationsstrategie. Wir sind mit und im Internet erwachsen geworden. Also sollten wir uns auch so verhalten.

Als erste Willkommensmaßnahme erst mal die gesamte Facebook-Freundesliste des Users abzusaugen ist inzwischen zum Beispiel ein echtes No-Go. Nicht nur, weil es auf unangenehme Weise in die Privatsphäre eingreift. Sondern auch, weil onlineaffine User es sich um keinen Preis mit ihrer Community verscherzen wollen. Meine Freunde, Bekannten und womöglich sogar Geschäftskontakte mit irgendwelchen unpassenden Einladungen und Affiliate-Maßnahmen zu nerven ist mir ein Graus – alles, bloß das nicht! Was zu uns durchdringt und was nicht, suchen wir uns aus. Jede ungebetene

Störung im mühsam konfigurierten digitalen Bewusstseinsstrom nervt gehörig. Marken müssen das respektieren, wenn sie in den Interessengruppen ihrer User willkommene Gäste sein wollen.

Der Trend geht deshalb zu einem immer vorsichtigeren Beziehungsaufbau, der erstens nur auf Wunsch vonstattengeht und zweitens auf konkrete persönliche Interessen Bezug nimmt.

Maßgeschneiderte Ansprache heißt: persönlich werden, ohne dem Kunden zu nahe zu treten. Wie ein Freund das eben auch tun würde, wenn er uns näher kommen will. Zwischen Involvement und Stalking verläuft ein schmaler Grat. Ein Balanceakt, der letztlich nur gelingen kann, indem ich mit der Zielgruppe ins Gespräch komme – und sensibel ausprobiere, was am besten angenommen wird.

Das ist ein zentraler Unterschied der neuen Markenkommunikation im Vergleich zur herkömmlichen Werbung: Sie dient in erster Linie nicht dem kurzfristigen Abverkauf, sondern der langfristigen Vertrauensbildung. Deshalb wählt sie die Form des Austauschs, wann immer das möglich ist. Werbung im klassischen Sinne verkauft. Kommunikation bezieht den Kunden als mündigen Partner ein.

Damit wir uns richtig verstehen: Als Facette des Kommunikationsprozesses ist Werbung nach wie vor unverzichtbar, denn irgendwie müssen Marken an gesättigten Märkten ja durchdringen. Doch die Aufgabe hat sich verändert und nimmt Einfluss auf die Form: In Zukunft muss Werbung nicht nur animieren und unterhalten, sondern das Publikum auch informieren, um die Menschen einzubeziehen. Damit das gelingt, müssen Marken sich legitimieren, indem sie ihren Zirkel von eingeweihten Influencern glaubwürdig überzeugen.

NO MORE PROMISES:
TIPPS FÜR GELINGENDE VERTRAUENSBILDUNG

Wie sieht die perfekte Zielgruppenansprache aus? Wie können Marken mit den neuen Kunden in einen Dialog auf Augenhöhe treten? Wie treten sie an ihn heran, ohne ihm zu nahe zu treten?

Das Ideal einer Markenkommunikation mit Zukunft lautet: mehr Information und Haltung und mehr *gute* Unterhaltung. Die klassische Werbung kann in dieser Rezeptur eine neue Rolle bekommen, doch sie steht nicht mehr im Vordergrund. In den Segmenten, wo die Konkurrenz am größten ist, ist der Wettbewerb um Awareness längst der professionellen Beziehungsführung gewichen – den Maßnahmen der Partnerschaftsgestaltung. Die wilden Hippies sind gereift und suchen was Ernstes.

> Das Ideal einer Markenkommunikation mit Zukunft lautet: mehr Information und Haltung und mehr *gute* Unterhaltung.

Die zentrale Strategie auf diesem Weg heißt Involvement. Die greift nicht isoliert als Kampagnen-Tool. Werbeversprechen, die nicht gehalten werden, funktionieren nicht mehr. Dass es immer weniger anbiedernde Marktschreier-Kampagnen gibt, ist kein Zufall: Die Unternehmen haben gemerkt, dass die Kunden den Unterschied erkennen. Einbeziehung ist eine Haltung, die eine Marke von Kopf bis Fuß durchdringen muss – an allen Touchpoints mit dem Kunden. Darüber, was das bedeutet, wird in vielen Unternehmen noch nicht transparent genug gesprochen. Dabei wäre genau das vonnöten.

Hier stoßen wir bei der Überzeugungsarbeit noch oft auf Berührungsängste. Vielen ist es zu anstrengend und zu unsicher, sich dem Thema Werte zu widmen. Anstatt Strukturen aufzubauen, die daraus Kapital schlagen könnten, wird lieber der Status verwaltet – noch läuft es doch! Also alles wie gehabt, bitte – und dann machen Sie noch ein bisschen Digital für untenrum, gell? Machen wir gern, als Investition in die Zukunft reicht das aber nicht.

Klassische Change-Prozesse, mit denen viele Marken noch die Unsicherheit gegenüber den neuen Herausforderungen zu kaschieren versuchen, reichen nicht mehr aus. Die Philosophie Involvement muss ganz oben beschlossen und vorgelebt werden. Sie ist kein reines Kommunikationsthema, sondern eines, das vom Markenkern aufs ganze Unternehmen und in die Community hinein ausstrahlen muss: eine positive, Veränderungen bejahende und gleichzeitig wertbasierte Kultur des Interesses am Menschen und seinen Bedürfnissen.

Dieser erste Schritt ist zugleich der schwerste – insbesondere in großen Unternehmen, die naturgemäß träger auf Veränderungen reagieren.

Der zweite Schritt ist, den Kunden auf Augenhöhe in diese Kultur einzubeziehen. Das ist das Ziel der Kommunikation und das entscheidende Sprungbrett zur Teilhabe an der neuen Markenwelt, denn erst hier verschmelzen Marke und Zielgruppe zu einer Community.

Entscheidend für den Erfolg einer Content-Strategie ist nicht nur das Ob, sondern auch das Wie: Marken brauchen jenseits der Bereitschaft zur Öffnung gegenüber der Zielgruppe eine Policy, wie sie mit ihren Kunden, also: Partnern umgehen wollen. Wie sie sich ihnen nähern, ohne ihnen zu nahe zu treten. Wie sie ihren Bedarf an Informationen und Daten decken können, ohne der Zielgruppe zu nahe zu treten. Wie sie dem Einzelnen vermitteln können, was sie ihm zu bieten haben, ohne sich nervig-dreist anzubiedern.

BRANDSHIP-FAKTOR WERTE

DIE EIGENEN WERTE ZU LEBEN UND DIE MENSCHEN GLAUBWÜRDIG IN DEN WERTEKOSMOS ZU INVOLVIEREN SCHAFFT VERTRAUEN.

_____ GEWINNEN SIE DAS VERTRAUEN DER MENSCHEN:

· *Stellen Sie Transparenz her!* Bekunden Sie ehrliches Interesse an einem Austausch auf Augenhöhe. Dabei hilft eine soziale Faustregel, die digital genauso greift wie in der analogen Welt: Ich kann nur etwas fordern, wenn ich zuvor selbst etwas preisgegeben habe.

· *Zeigen Sie Persönlichkeit!* Werfen Sie Ihre Werte in die Waagschale. Beweisen Sie Wertschätzung für die Kundenbedürfnisse, indem Sie zeigen, wofür Sie stehen. Leere Worte nimmt der Kunde nicht mehr ernst. Marken müssen sich innerhalb ihrer Community legitimieren.

· *Führen Sie einen echten Dialog!* Setzen Sie einen Austausch auf Augenhöhe auf, von dem der Kunde profitiert. Erstellen Sie eine Policy für den Umgang mit den Kunden. Legen Sie Ihren eigenen Bedarf (zum Beispiel an Daten) offen.

Involvement ist immer ein Geben und Nehmen. Nur so entsteht Vertrauen – die harte Währung der neuen Markenwelt.

Das Setup eines glaubwürdigen Involvements gehört zu den Zukunftsaufgaben der Markenkommunikation, die weit über die klassische Werbung hinausgehen.

Manche Unternehmen reagieren darauf bereits auf sehr kreative und vor allem: auf sehr persönliche Weise. Die kleine, feine Weberbank, ein Private-Banking-Spezialist, hat in der Digitalisierung ihrer Branche eine Chance des Analogen entdeckt. Die Weberbank teilt mit ihrem Standort Berlin den Wert des Unternehmertums. Lebendiges Unternehmertum lebt vom lebendigen Diskurs. Der Geschäftserfolg ebenso. Deshalb fragten sich die Verantwortlichen: Wie können wir junge Unternehmer in Berlin unterstützen – und ihnen glaubwürdig vermitteln, dass wir vertrauenswürdige Partner für ihre persönlichen Belange sind? Das Ergebnis der Überlegungen ist eine sehr unaufdringliche, dafür aber sehr persönliche Form des Dialogs, der in Zeiten des Online-Banking zum Ausnahmefall geworden ist: Die Berater von der Weberbank laden ihre Kunden ganz zwanglos zum Frühstück in der offenen Villa in Grunewald ein. Sie erkundigen sich nach deren Bedürfnissen, ohne gleich den Montblanc zu zücken: »Überlegen Sie einfach mal in Ruhe, ob dieses oder jenes Produkt was für Sie sein könnte.« Im Kundenmagazin werden andere junge Unternehmer vorgestellt, die in Berlin etwas bewegen. Aus der Community für die Community.

Kommen die Weberbanker so auch an meine Daten? Natürlich, ohne die geht es nicht. Doch sie bauen zuerst Vertrauen auf, bevor sie auf das besonders sensible Thema Geld zu sprechen kommen. Sie beweisen sich erst als Partner, bevor sie meinen Kontostand checken. Und sie fragen erst nach meinen Bedürfnissen, bevor sie mir ein Angebot machen.

Auf der Website der Weberbank[77] läuft ein Header, der die Philosophie auf einen Nenner bringt. Die obere Zeile variiert im Fünf-Sekundentakt: »Die Basis erfolgreicher Beratung:/Die Basis erfolgreicher Immobilienberatung:/Die Basis erfolgreicher Vermögensverwaltung:/Die Basis für eine erfolgreiche Vermögensnachfolge:«

Die untere Zeile dagegen, die all diese Aspekte vervollständigt, bleibt fel-senfest stehen: »Zeit für ein Gespräch.«

Werte statt Worte: Dem Kunden auf Augenhöhe zu begegnen ist nicht zuerst eine Frage des Aufwands oder der Technik, von analog oder digital. Sondern eine Frage der Haltung. Eine Frage des Vertrauens.

AUS KOMPETENT WIRD TALENT:
DER REMIX MACHT'S

Der gastrosexuelle Mann ist einer, dem noch nie beim Sex Tränen in die Augen traten, beim Essen schon.[78]

So weit ist es gekommen: Tatsächlich gibt es eine wachsende männliche Stilgruppe, für die wir den guten alten Slogan »Sex sells« abschreiben können. Diesen Männern wird nicht beim Anblick des Playboys warm ums Herz, sondern bei einer ganz anderen Fleischbeschau: schön durchwachsene Ochsenbäckchen, penibel drapiert auf einem Edelholzblock, in millimetergenau gleichmäßige Scheiben zersäbelt. Vermutlich mit einem Messer im Wert einer Monatsmiete.

Diese Männer verstehen sich aufs Kochen. Nix mehr mit Toast Hawaii oder Spiegelei auf Brot: Bei diesen Kerlen gibt es Perlhuhn an karamellisiertem Sauerkraut und Seeigeltatar auf Limonenschaum, und selbst der Cheeseburger wird mit dekonstruierten Emmentalerscheiben und Ultraschallpommes serviert. Männer, davon ist diese Spezies überzeugt, sind natürlich die besseren Köche. Denn sie machen, resümiert der gastrosexuelle Autor Carsten Otte, was sie immer machen, wenn sie sich einer Mission annehmen: keine halben Sachen. Diese Männer sind Gott in ihren Küchen.[79]

Ihre Kochtempel sind, amüsiert sich der Feuilletonist Elmar Krekeler in der WELT, dementsprechend eher Hobbykeller mit Kochutensilien statt Hämmern und Schlagbohrern. Entworfen in Edelstahl und vollgestopft mit Gerätschaften wie Pacojet, Schwungradschneider und Rotationsverdampfer. Das Basilikumtöpfchen ist raus, denn es stört den gepflegt-minimalistischen Werkstattcharakter.[80]

Wie bei den meisten Trends haben auch diese Männer Vorbilder, die sie nie eingestehen würden: die Fernsehköche. Die haben das alles verbrochen, wenn man es genau nimmt, denn die haben schließlich damit angefangen, Kochen zu einer Show zu stilisieren. Was willst du auch machen als Mann, wenn die Angetraute plötzlich Jamie Oliver oder Steffen Henssler verträumt beim Kochen zusieht, statt heimlich Ronaldo oder Mats Hummels anzuhimmeln (nee, ist okay, wir können ruhig Fußball schauen). Da kannst du mit deinen zwei Toren pro Saison in der dritten Kreisliga keinen Stich mehr machen. Da musst du kochen, denkst du. Und dann kochst du eben. Und wenn du schon kochst, dann musst du es natürlich besser machen als die Frau. Dann musst du die Küche erobern und mit japanischen Messern verteidigen, die sie freiwillig nicht anfasst.

Natürlich haben die Fernsehköche nicht ohne Grund damit angefangen, ihre Kunst vor Fernsehkameras auszuüben. Die Frage, wer zuerst da war – der Food-Trend oder die Michelinsternfachsimpler, die darüber sprechen – ist wie die Frage nach der Henne und dem Ei. Trendgenese hin oder her: Kochen ist das neue Ding, Kochen ist sexy, Kochen ist eine Cash Cow. Und alle Industrien, die auch nur im entferntesten damit zu tun haben, dürfen sich auf die neuen Ansprüche der gastrosexuellen Zielgruppe einstellen. Und wenn die Produktwelt so gar nicht zur gehobenen Küche passt: Grillen geht eigentlich immer.

Die, die sich auf die neue Kundengruppe einlassen, haben vermutlich Altarbilder der Fernsehköche über ihren Schreibtischen hängen, denn für manche Marken sind mit diesem Trend goldene Zeiten ausgebrochen. Verkaufen Sie mal einer schwäbischen Hausfrau einen Herd für 15.000 Euro. Die wird ihnen was husten. Der gastrosexuelle Investmentbanker hat damit kein Problem. Der macht's nämlich gar nicht erst unter Sternekoch-Standard. Heerscharen von besser verdienenden Hobbyköchen bedeuten für Marken, die den Trend beim Schopfe packen, einen riesigen neuen Absatzmarkt. Jenseits der Sterne-Gastronomie, im Consumer-Bereich. Und zwar nicht nur für die etablierten Player auf diesem Feld: Auch Porsche macht jetzt in Küchen. Die dürfen dann auch die 100.000-Euro-Marke sprengen. Die Lohas (Life of Health and Sustainability) posen nämlich lieber mit ihrer Kochstelle als mit einem Sportwagen: die Küche, das neue Auto. Ein weiterer Markt im Wandel.

Edelküchen, Kochgeräte, Küchenutensilien wie Messer oder Töpfe, das ganze Spektrum der hochwertigen Nahrungsmittelindustrie und alle damit zusammenhängenden Dienstleistungen: Marken, die irgendwie mit Essen zu tun haben, sind selbst schuld, wenn sie auf diesem Spielfeld nicht mitspielen. Nur wie? Wie komme ich als Marke in Stilgruppen hinein, von denen ich gestern noch gar nichts wusste?

KOMMUNIKATION IST GESCHMACKSSACHE

Die Marktführer in diesem Segment machen vor, was die Fernsehköche schon lange wissen: Deine Fachkompetenz allein macht dich nicht mehr zum Star. In den Publicity-Olymp kommst du erst durch den richtigen Talent-Mix. Hier liegt die Antwort auf die Frage, was der Gegenstand einer maßgeschneiderten Zielgruppenansprache sein kann: ein zusätzliches Talent, eine möglicherweise sogar fachfremde Kompetenz, die aus den gemeinsamen Werten mit der Zielgruppe entspringt.

> In den Publicity-Olymp kommst du erst durch den richtigen Talent-Mix.

Deshalb sind Köche heute auch Entertainer. Deshalb kennt sich die Telekom mit Musik aus. Deshalb stehen Fotografen selbst im Blitzlichtgewitter. Deshalb bedienen Hersteller von Weißware einen luxuriösen Lifestyle. Deshalb geht Rolex auf Tiefseemission. Marken können sich nicht mehr auf den fachlichen Kompetenzen ausruhen, die ihr Kerngeschäft ausmachen. Für eine Erfolg versprechende Positionierung braucht es einen Remix, der die Zielgruppe auf neue Weise anmacht: einen Markenauftritt, der das Produkt in einen zusätzlichen kreativen Kontext stellt. Einen, der die Leute interessiert und zum Teilen und Mitmachen animiert.

Und jetzt: Die Marketing-Abteilung in den Kochkurs schicken, oder was? Warum nicht, wenn es zu Ihrer Marke passt. Wenn da das Talent liegt, das Ihre Zielgruppe zu schätzen weiß. Natürlich sollten Sie nicht Wasser mit Öl mixen. Doch es kommt nicht darauf an, welches Talent Sie nutzen und zum Gegenstand Ihrer Kommunikation machen. Sondern darauf, dass die soziale Interaktion mit ihrer Zielgruppe ein gemeinsames Thema hat, das Sie qualifiziert *und* leidenschaftlich bespielen können.

Was auch immer Ihr Talent sein mag, eine Zusatzkompetenz müssen alle Marken themenunabhängig erwerben: Lernen Sie moderieren. Wie die Fernsehköche. Melden Sie Ihren Gestaltungsanspruch an, indem Sie bei sozialen Prozessen mitmischen. Ihre Kernkompetenz und Ihre Spezialtalente ergeben einen cremigen Remix für die Markenkommunikation.

Klingt nach einem Menü für Fortgeschrittene? Sie sagen es. Schauen wir uns doch ein paar Rezepte an, die mit Werbung nur noch am Rande zu tun haben und genau deshalb heute besser funktionieren als die alten produktzentrierten Standards.

Nur eine Warnung vorab: Probieren geht über Studieren. Mit einem Standardrezept ist noch kein Koch berühmt geworden.

TELEFONIEREN KANN DAS DING AUCH

Telefonieren wird im Telekommunikationsmarkt nach und nach zur Nebensache, ähnlich wie die schnöde Nahrungsaufnahme im Food-Bereich. Mit Minutenpreisen macht heute kein Unternehmen in diesem Segment mehr sein Geld, denn die meisten Kunden labern längst Flatrate. Der Kernkompetenz Telefonie lässt sich kaum noch ein Alleinstellungsmerkmal abringen. Dafür hat nicht nur die Öffnung des Marktes gesorgt, sondern auch der technische Fortschritt: Smartphones dienen schon heute vielen nur noch am Rande zum Telefonieren, und die neuen Leitungen sind mit dieser Aufgabe heillos unterfordert. Die Kunden auch.

Also: Daten. Damit lässt sich schon eher Geld verdienen. 2014 hatten die sogenannten Non-Voice-Dienste bereits einen Anteil von 38,3 Prozent am Mobilfunkumsatz – Tendenz zuverlässig steigend.[81] Bei allem, was heute so durch die Datenleitungen brummt, sind immer schnellere Verbindungen und immer umfangreichere Datenpakete ein Muss, um am Markt zu bestehen. Zwar fließen auch die Daten längst Flatrate, doch mit wachsenden Datenmengen und immer schnelleren Übertragungsstandards lassen sich immerhin neue Umsätze generieren, die die anteilige Verdrängung der Telefonie ausgleichen. Seit 2011 hat sich der mobile Datenverbrauch pro Kopf in Deutschland nahezu vervierfacht.[82] Keine Frage: Diese Branche ist nicht nur im Umbruch, sie hat sich bereits komplett gewandelt. Dennoch leidet der Telekommunikationsmarkt unter dem gleichen Syndrom wie die meisten anderen Verbrauchermärkte: Austauschbarkeit.

Das Problem mit den Daten – nicht anders verhält es sich mit Strom, Wasser oder Benzin – ist nämlich: Sexy sind sie nicht. Ein Bit ist ein Bit ist ein Bit – egal, durch welche Leitung er fließt. Ob mein Smartphone seine Daten aus der Telekom-»Leitung« zapft oder aus der Vodafone-»Leitung«, macht für mich keinen nennenswerten Unterschied: Ich konsumiere als Kunde ja nicht den Datenstrom an sich, sondern den Mehrwert, den er transportiert. So wie ich auch nicht »das Internet« in der Hosentasche haben will, sondern die Internetdienste, die mein Leben schöner und leichter machen. Meine Mails, mein soziales Netzwerk, meine Fotos, meine Maps, meine Musik. An diesem Denkwandel scheitern noch viele Anbieter abstrakter Produkte: Sie schaffen es noch nicht aus dem Anbietermodus heraus.

Die Telekom hat sich frühzeitig darüber Gedanken gemacht, was das Öl in ihren neuen Pipelines sein könnte. Ein starkes Content-Thema, damals im Kommen und heute schon weit ausdifferenziert, ist Musik. iTunes boomte, und gleichzeitig wurde absehbar, dass der iPod nicht der Weisheit letzter Schluss war. In Zukunft – inzwischen: heute – würde das Smartphone zur persönlichen Musikzentrale werden und einen hohen Anteil des privaten Datenverbrauchs generieren.

Die Telekom schaltete: Wenn in der Musik das Interesse der User (und ihre Kaufkraft) liegen, dann sollten wir uns damit auskennen. Wir sollten zu Musikexperten werden. Zumal mit Vodafone ein jünger aufgestellter Konkurrent im Ring war und Zuwächse verzeichnete, gegen den man sich irgendwie positionieren musste, um nicht den Anschluss zu verlieren. Die Telekom wollte und musste Engagement zeigen: Wir verstehen die neue Generation von Telekommunikationskunden. Wir wissen, was sie antreibt. Und wir sind in der Lage, die Leitungen mit der Art von Content zu füllen, die sie haben wollen. Wir drehen ihnen nicht einfach Flatrates an, sondern haben auch die Services dafür, die andere nicht haben.

Aufgezogen hat die Telekom ihr musikalisches Engagement langfristig und sehr konsequent: Um bei den jungen Musikfreaks Glaubwürdigkeit zu erwerben, legten sie es zunächst nicht auf maximale Breite an. Sie schalteten zunächst eben keine Riesenkampagne mit Superstar-Testimonials, als wären sie ein Plattenlabel. Vielmehr stiegen sie klein und sexy ein: Sie erwarben Insider-Kompetenz im Trendgenre der Stunde, in der elektronischen Musik. Dafür ging die Telekom dahin, wo die Trends in dieser Szene entstehen: auf die Festivals zum Beispiel, zu denen die junge, kosmopolitische Community der elektronischen Musik strömt. Mit dem internationalen Musikprogramm »Electronic Beats« unterstützt und präsentiert das Unternehmen mehr und weniger bekannte Musiker. Mit diesem Engagement, einer Vielzahl von Events sowie einem Paket aus Webpräsenz und einem vierteljährlich erscheinenden Magazin mit Einblicken in die elektronische Musikwelt hat es sich einen Namen unter Fans des Genres gemacht. Mit einer vollverzahnten Erlebniswelt aus primärem und sekundärem Content also, an der das Unternehmen seit der Jahrtausendwende bastelt – an der Wurzel des Kundeninteresses und unter Einbindung etablierter wie junger Talente.[83]

Erst mit dieser gewachsenen Expertise im Rucksack gingen die neuen Musikexperten einen Schritt weiter und setzten mit den »Telekom Street Gigs« eine Event-Plattform für das ganz breite Publikum auf, die voll ins Content-Modell für junge Kunden integriert wurde – also in den eigenen Musikshop und Streamingdienst sowie als Bestandteil von Angebotspaketen für musikaffine Tarif- und Smartphone-Kunden. Jetzt durften die großen Namen her, denn die Street Credibility war längst gesichert: Seit 2007 hat die Telekom mit den Street Gigs nationale Größen wie Deichkind oder Die Fantastischen Vier, aber auch internationale Acts wie Linkin Park oder Ed Sheeran auf die Bühne und vor Zehntausende Zuschauer gebracht. Die müssen für das Musikerlebnis erster Klasse nicht etwa zahlen, sondern können die Tickets ausschließlich auf der markeninternen Online-Plattform gewinnen. Alle anderen können virtuell dabei sein.[84]

Eine sehr feinfühlige, aufwendig geplante und umgesetzte Strategie – und vor allem eine sehr langfristige, also ernst gemeinte. Die Telekom hat verstanden: Wir müssen erst die Experten ins Boot holen und von ihnen lernen, um auf die Zielgruppe glaubwürdig zu wirken. Um zu demonstrieren: Wir können Musik.

Die Telekom war das Unternehmen auf diesem Feld – inzwischen oft kopiert, doch nie erreicht. Der unbezahlbare Effekt für die Wahrnehmung

Marke: Die Telekom ist das Original. Das macht das musikalische Engagement des Unternehmens zu einem Vorbild für die Kommunikationsbranche.

Früher wäre all das nicht nötig gewesen. Oder sagen wir: Früher hätte niemand diesen Aufwand betrieben. In der alten Werbewelt hätte die Telekom bei namhaften Veranstaltungen eine Logowand auf die Bühne gestellt, ein paar Stars als Testimonials eingekauft und einen beliebigen Musik-Shop nach dem Vorbild von iTunes aus dem Boden gestampft. Also Geld in die Hand genommen, um durch klassisches Sponsoring und eine klassische Kampagne Musikkompetenz zu suggerieren. Kurzfristig hätte das vielleicht auch funktioniert.

Nicht aber um eine langfristige Bindung an die Musik-Community zu erzeugen und von den Fans als Insider oder gar Vorreiter in dieser Gemeinschaft wahrgenommen zu werden. Um diesen Status zu erreichen, musste die Telekom eine spürbare, belastbare Musikkompetenz erwerben und sich glaubwürdig engagieren. Jenseits der Produkte. Das gelang durch die Einbindung von Talenten aus dem Interessenfeld Musik einerseits und die Ausbildung von Talenten andererseits – markeninternen und markenexternen.

Doch auch damit ist die Nummer nicht gelaufen. Um sich dauerhaft als Hort der Musikexpertise zu etablieren, muss die Telekom am Ball bleiben und das bereits als langfristig zu bezeichnende Engagement immer weitertreiben – strategisch, gezielt und leidenschaftlich. Immer am Puls der Zielgruppe, und immer mit dem direkten Rückbezug auf die Wurzeln der Community. Nur so kann gewährleistet werden, dass die Marke auch die neuen Talente im schnelllebigen Musikbusiness rechtzeitig aufspüren, einbinden und an deren Ausstrahlung teilhaben kann.

Deshalb hat die Telekom ihrem Engagement Ende 2014 ein weiteres Standbein hinzugefügt: das internationale Musikförderprogramm »Telekom Music Talent Space« (TMTS).[85] Damit widmet sich der Konzern der »individuellen und zeitgemäßen Förderung junger Künstler«, so die Pressemitteilung.[86] Dass es dabei nicht um schnelllebige Talentverheizung, sondern um ernst gemeinte Künstlerförderung aus Expertenhand geht, unterstreicht das Unternehmen mit den Details des Konzepts: Die Talente werden nicht etwa per Casting-Prozess gefunden (maximale Awareness), sondern per

Scouting (maximale Professionalität). Sie werden nicht nach PR-Masche aufgebrezelt und als Kampagnen-Face vermarktet, sondern im eigentlichen Sinne gefördert.

»Heutzutage läuft nahezu die gesamte Vermarktung und Bereitstellung von Musik über digitale Kanäle. Dies bringt für die Künstler neue Möglichkeiten, aber auch neue Herausforderungen mit sich. Die Nutzung dieser Kanäle ermöglicht die direkte Kommunikation mit den Fans über Social Media sowie neue Formen der Wertschöpfung. Die Telekom bereitet die Künstler darauf vor, diese digitalen Kanäle individuell zu nutzen und sinnvoll zu bespielen und stellt das beste Netz für das Teilen digitaler Inhalte zur Verfügung.«[87]

Betreut werden die Künstler von einem »Expertenteam«, dem es nicht ums Verkaufen geht, sondern um professionelle Kunstförderung. Sagt jedenfalls dessen Chef:

»Die Individualität der Künstler wird bei TMTS im höchsten Maße respektiert. Es geht hier nicht darum, den Künstler umzukrempeln oder in ein Wunschformat zu pressen, sondern darum, vorhandene Stärken zu entwickeln, Einzigartigkeit zuzulassen und zu betonen. Es geht uns um langfristiges Engagement und partnerschaftliche Kooperation«, betont Ralf Lülsdorf, seines Zeichens »Leiter Internationales Musikmarketing« bei der Telekom.

All das ist Teil einer Kommunikationsstrategie, die mehr tut als leere Versprechen in die Welt zu blasen. All das geschieht vergleichsweise leise und wirkt aus dem Inneren der Community heraus. All das verrät dem interessierten und versierten Musikfan ganz subtil zwischen den Zeilen: Wir sind wie du. Wir kennen Musik. Wir machen Musik. Wir sind so gut darin geworden, dass wir jetzt sogar selbst für den Talentnachwuchs sorgen.

Die Telekom hat mit ihrem Musikengagement das Talentstadium bereits hinter sich gelassen und ist zum Insider geworden – zur festen Größe in der Branche. Möglich wurde das, indem die Marke sich ganz konsequent dem

Erwerb einer Zusatzkompetenz verschrieben hat, die zu ihrer DNA und ihrem Geschäftsmodell passt, und vor allem: mit dem unablässigen Fokus auf das Interesse der Zielgruppe.

Übrigens: Die Marke hat diesen langen, facettenreichen und anspruchsvollen Prozess nicht generalistisch mit einer großen Agentur bestritten, sondern mit vielen kleinen Agenturen für unterschiedliche Herausforderungen und Kommunikationswege. Sie hat ausprobiert und getüftelt und sich Partner gesucht, die ihrerseits mit vielfältigen Ansätzen gespielt haben. Und sie hat belastbare Verbindungen zur Musikindustrie aufgebaut, denn auch die ist unverzichtbarer Bestandteil der Zielgruppe dieser Kommunikationsstrategie.

Der entscheidende Schritt auf diesem langen Weg war jedoch die ursprüngliche, mutige und wegweisende Entscheidung, den (zielgruppenrelevanten) Content vor das Produkt beziehungsweise die Dienstleistung zu schalten. Erst der sexy Content, erst das gemeinsame Interesse mit der Zielgruppe – erst die Musik. Dann das Verkaufsgespräch für die Datenleitung, sekundär und unaufdringlich.

Die Kernkompetenz muss man der Zielgruppe nicht mehr aufdrücken. Die ergibt sich organisch. Die ist bekannt. Und nichts, aber auch gar nichts nervt mehr als ein Dialogpartner, der unablässig das Offensichtliche wiederholt.

Da liegt das Geheimnis und der dramatische Unterschied bei der Zielgruppenansprache in der neuen Markenwelt: Talent first! Die Kernkompetenz, das eigentliche Geschäftsmodell und vor allem das Verkaufen werden zum erwünschten Nebeneffekt. Strategisch eingebunden – natürlich. Verkaufen als Zielpunkt der Strategie: nein. Nicht Bewusstsein, nicht Sales, nicht Produkt, sondern: Talenteinbindung, Engagement, Gestaltungsanspruch.

Gefördert wird nicht das Geschäftsmodell, sondern die Partner aus der Zielgruppe. Denn die entscheiden letztlich, ob das Geschäftsmodell funktioniert. Sie kaufen der Marke die neue Zusatzkompetenz ab. Oder eben nicht. Da liegt das Potenzial für die neue Kundenbindung: Wir müssen die Kunden und die involvierten Industrien und die ganze mit dem Thema einhergehende Community dazu bringen, über uns nachzudenken. Über unseren Content zum Thema. Und damit über uns als Partner.

Hier liegen die neuen Potenziale einer Markenkommunikation nach der Awareness, nach den Angebotsbroschüren im Briefkasten und nach Kampagnen nach dem Strickmuster »Alle wollen Tech-Nick«: Aus (kern)kompetent wird Talent.

Und ja: Klassische Werbung ist auch weiterhin relevant. Ihre Funktion und Inhalte bekommen allerdings eine ganz neue Bedeutung.

Und ja: Telefonieren geht auch mit der Telekom. Aber das geht bei Whatsapp jetzt auch umsonst.

UNSER TALENT:
DEINE KREATIVITÄT

Nicht jede Marke muss so weit ausholen wie die Telekom, um ihr Talent zu finden. Ein anderes Beispiel zeigt, dass manchmal bereits die Ursuppe der Marken-DNA die entscheidende Zutat enthalten kann.

Emmet ist ein Durchschnittstyp. Der Bauarbeiter fällt nicht weiter auf, außer vielleicht durch seine orangefarbene Warnweste. Will er auch gar nicht. Emmet hält sich lieber an die Regeln. Er baut, was ihm vorgeschrieben wird. Immerhin ist er Bauarbeiter, nicht Baumeister. Ja, er hatte da mal diese Idee mit der Doppeldecker-Couch. Ein sinnloses Unterfangen. Wem soll die schon was nützen? Was kann einer wie er schon bewirken? Was soll es der Welt nützen, wenn er einfach baut, was ihm in den Sinn kommt?

Gebaut hat er das Ding trotzdem. Und nützen kann einer wie Emmet mit seiner verborgenen Kreativität der Welt so einiges, wie sich bald herausstellen wird.

Eines Tages begegnet er auf der Baustelle der jungen Wyldstyle, und von diesem Moment an gerät die scheinbar heile Bauplanwelt ordentlich aus den Fugen. Die kreative Wyldstyle bringt Emmet dermaßen aus dem Konzept, dass er seine Bauanleitung verliert und in ein Loch stürzt. Dort stößt er auf den mysteriösen Stein des Widerstands und findet sich kurz darauf in einem Verhörraum wieder – mit dem Stein des Widerstands auf dem Rücken und angekettet.

Auf zur bunten Apokalypse: Jetzt muss der Bauarbeiter die Welt retten. Mit einer wachsenden Truppe von Mitstreitern zieht der regelkonforme Emmet ausgerechnet gegen den Präsidenten seiner Heimatstadt ins Feld. Der entpuppt sich nämlich als dunkler Lord, der den Baumeistern dieser Welt verbieten will zu bauen, was sie wollen. Seine Waffe: Sekundenkleber.

Als der wilde Haufen samt und sonders in Lebensgefahr gerät und selbst zur Hilfe geeilte Superhelden wie Batman mit ihrem Latein am Ende sind, ist es Emmets Doppeldecker-Couch, die den Freunden das Leben rettet.

Emmet ist übrigens eine Lego-Figur. So wie alle Protagonisten des Lego Movie, das 2014 weltweit in die Kinos kam.[88]

Ohne weiter zu spoilern, sei an dieser Stelle die Message des Films offengelegt: Ein Hoch auf die Kreativen, die einfach bauen, was sie bauen wollen. Ein Hoch auf euch, liebe Lego-Kunden. Für euch wurde dieser Film gedreht, denn ihr habt ihn inspiriert. Lego ist das, was ihr daraus macht: Wir leben von eurer Kreativität.

Ein Animationsfilm auf Hollywoodniveau, produziert von Warner Bros., dem berühmtesten aller Hollywoodstudios: Das ist das Maximum an Content, das man der Community liefern kann. Für Lego, die Marke hinter den bunten Bausteinen, war es trotzdem nur die Initialzündung für eine groß angelegte Kommunikationsstrategie. Ziel war es nicht, die Lego-Fans zu zahlenden Kinogängern zu machen (obwohl auch das mit Bravour gelang), sondern kleine und große Kinder an ihre eigene Kreativität zu erinnern. Die bunten Plastiksteine sind da, um dem tief verwurzelten Baumeistertrieb einen Kanal zu geben. Das ganze Lego-Geschäftsmodell dreht sich um Kreativität. Das Talent steckt in der Marken-DNA.

Weil dieses Talent auch das zentrale Kundeninteresse ist, lädt Lego die Kunden ausgehend vom Film digital zum Mitmachen ein. Auf der Website kann man sich coole Videos ansehen, über die besten abstimmen und eigene Bilder hochladen: »Zeige deine Kreativität« steht auf der Startseite. Die Charaktere der Lego-Welt werden vorgestellt wie Filmstars. Irgendwo dazwischen liegt auch eine Seite mit den Lego-Sets zum Film versteckt: Emmets Doppeldecker-Couch, zum Beispiel. Das Produkt: auch, nicht vor allem.[89]

Lego setzt hier – nach dem Baukastensystem – ein ganzes Set von Einzel-maßnahmen zu einer Kommunikationsstrategie zusammen, die alle in die neue Zeit passen: Statt Product Placement drehen die Dänen gleich ihren eigenen Film. Über einen Talentwettbewerb werden die Kunden in den kre-ativen Prozess einbezogen. Mit den Charakteren wird die Marke persona-lisiert. Die Filmwelt lässt sich nachbauen, umbauen, neu bauen. Und eine App und ein Computerspiel zum Film laden ein zum virtuellen Austoben – allein oder gemeinsam. Das alles ist auf die Interaktion zwischen Mensch und Marke ausgelegt: auf einen sozialen Prozess, der sich an der realen Welt orientiert und doch ganz der Kreativität der User überlassen bleibt.

Die Rolle der Marke in diesem Prozess ist die des Moderators: Das Un-ternehmen inspiriert, bietet die Mittel an, um kreativ zu werden und stellt die Plattform für den kreativen Austausch zur Verfügung. Das Erlebnis bleibt in der Hand des Kunden: Alles kann, nichts muss.

Diese Moderatorenrolle ist neu für Marken. Je nach Geschäftsmodell und Talent kann sie verschiedenartig ausgeübt werden: Auf Inspiration fokus-siert wie bei Lego oder durchchoreografiert auf verschiedenen Ebenen, wie sie inzwischen bei der Telekom ist. Die hat gleich mehrere klassische Rollen aus einer eigentlich markenfremden Talentindustrie absorbiert. Ge-meinsam ist den neuen Kreativstrategien, dass sie beim Kunden spielerisch ankommen: Ihr bringt euch ein – wir bringen euer Talent auf die Straße.

Diese Rolle des Moderators sozialer Interaktion verlangt Marken große Offenheit ab. Auch: Ergebnisoffenheit. Immerhin muss der Spagat zwi-schen professionellem Auftritt und kreativem Chaos gelingen, das entsteht, wenn Teile des Kommunikationsprozesses an die Zielgruppe nach außen vergeben werden. Die Ansprüche an eine sympathische Moderation sind ganz andere als an einen durchchoreografierten Show-Act: Marken müssen inspirieren, ohne zu inszenieren. Filtern, ohne abzuschrecken. Bewerten, ohne abzuwerten. Ihre Community abgrenzen, ohne auszugrenzen. Talente einbeziehen, ohne sich aufzugeben. Einen roten Faden knüpfen und dabei flexibel sein. Und bei aller Offenheit immer den nächsten Schritt im Pro-gramm im Auge haben.

BACK TO SCHOOL

Für die Kreativen in den Agenturen und Unternehmen bedeuten der Fokus auf Talente und die Umsetzung in moderierten sozialen Prozessen eine Neuausrichtung ihres Aufgabenfeldes. Früher waren sie, ähnlich wie die Marken selbst, Hersteller ihrer eigenen Produkte: geschlossene Kampagnen mit begrenzter Wirkdauer. Nach einem erfolgreichen Pitch stand im Prinzip bereits ein fertiges Werk zum Verkauf an den Kunden, das anschließend in einem Abstimmungsprozess noch produziert und optimiert wurde.

Mit der Öffnung der Markenkommunikation ist auch diese Rolle nach oben offen: Die Kreativität fließt nicht mehr in fertige Werke, sondern in offene Prozesse. Der Job der Werber wird zum Consulting-Job. Wenn die Marke soziale Interaktion moderieren muss, dann müssen ihre Partner sie im Moderieren coachen. Nicht mehr: Wissen, was der Kunde gern sieht und der Marke ein schickes Make-up verpassen, sondern: Der Marke ihre Kunden verstehen helfen. Und sie dann beraten, wie dieses Verständnis in konkrete Schritte des Beziehungsaufbaus mündet. Agenturen müssen Marken zuerst auf den Entscheidungspfaden und dann bei der externen Kommunikation begleiten.

Im Fall Telekom bedeutet das zum Beispiel: Plötzlich gilt es, branchenfremde Kontakte zu knüpfen und Konzerte zu organisieren. Die Komfortzone der eigenen kreativen Expertise zu verlassen und professionell auf neuen Spielfeldern zu agieren.

Den Werbern geht es also nicht anders als den Marken selbst: Sie müssen zusätzliche Talente ausspielen und mit ihrer etablierten Expertise zu neuen Angeboten verknüpfen, die sie für Unternehmen zu interessanten Partnern an gewandelten Märkten machen.

Das Beispiel Netflix zeigt, dass das Ergebnis des kreativen Prozesses heute oft die kleinere Baustelle ist – auch in Bezug auf den Arbeitsaufwand seitens der neuen Berater. Der Findungs- und Entscheidungsprozess für Netflix hat sicher 80 Prozent des Gesamtaufwands ausgemacht, denn die Plakate selbst fielen begründet klassisch aus – nach dem Muster bekannter Filmplakate. Die Hauptaufgabe für die Kreativen war die strategische Profilierung über die externe Kommunikation – eine Positionierungsberatung. Damit das gelingt, müssen nicht nur die Marken, sondern auch die Agenturen den Mut aufbringen, anstatt des Produkts das talentbasierte Engagement ins Rampenlicht zu heben. Das Fotoshooting ist nicht die Hauptaufgabe, sondern strategisches Beziehungsmanagement.

Das bedeutet auch, dass die Kreativen sich nicht mehr hinter der Testimonial-Castingcouch verstecken können, wenn es inhaltlich ans Eingemachte geht. Wer einen Streaming-Dienst beraten will, der muss das Filmgeschäft verstehen. Wer eine Telekommunikationsfirma bei ihrer Positionierung als Musikexperte coachen will, der muss das Musik-Business durchdringen und Events konstruieren lernen, die Musikfreaks begeistern können. Und wer dazu beitragen will, Autos zu verkaufen, der muss sich Gedanken darüber machen, wie Mobilität sich in zukünftige Lebensentwürfe integriert – und den Autobauern helfen, jenseits des Automobils vielleicht mehr über smartere Verbindungen, Nutzerprofile und Automatisierungsmodelle nachzudenken und zu kommunizieren.

Viele Agenturen, und ihre Kunden mit ihnen, tun sich schwer mit dem Gedanken, dass die alten Kompetenzen heute nicht mehr ausreichen. Doch was den Kunden von heute bei ihrer Lebensgestaltung abverlangt wird, müssen Marken und ihre Berater auch selbst zu leisten bereit sein: lebenslange Weiterbildung. Wir können es drehen und wenden, wie wir wollen; auch wir müssen die Schulbank drücken und Neues lernen.

KOMMUNIKATION IM REMIX

Remixes, wie wir sie aus der elektronischen Musik kennen, werden gern mit DJ-Mixes verwechselt. Bei letzteren mischt der DJ lediglich fertige Tonträger miteinander, reiht also Songs aneinander, verbindet und manipuliert sie allenfalls minimal. So, wie manche Werbestrategie noch heute funktioniert: die immer gleichen Slogans mit minimaler Adaption für den neuen Flight. Die mantrische Penetration entspannter Fernsehabende durch Werbeclaims nervt zeitweise derartig, dass entnervte Prosumenten die Markenbeziehung aufkündigen. Keiner will noch mehr Tech-Nick.

Ein Remix geht viel weiter, als den alten Kaffeesatz noch einmal aufzubrühen. Das ursprüngliche Werk mit seinen diversen Tonspuren steht komplett zur Disposition. Vorhandene Spuren werden weggelassen und neue hinzugefügt, bis hin zur völligen Neuinterpretation des Stücks. Klangeffekte können hinzugemischt werden, die Stilrichtung kann variiert werden, zusätzliche Instrumente können ins Spiel kommen.

DJs, die mit dieser Aufgabe betraut werden, verstehen ihr Fach. Sie müssen ein gutes Gespür dafür haben, was die tanzwütige Meute in den Klubs zum Rasen bringt. Seit Ende der 1980er Jahre ist die Remix-Kultur ein fester Bestandteil der Klubszene und erfüllt eine wichtige Aufgabe: Diese Szene erfindet sich ständig neu. Der Wettbewerb ist hart. Vorn dabei sein kann nur, wer sich von der Konkurrenz abhebt – durch immer neue Remixe, immer kreativere Variationen auf ein Thema, immer voll am Puls des Augenblicks.

Die Klubszene funktioniert also nicht anders als jeder Markt, der einem ständigen Wandel unterworfen ist. Vorn landet, wer das größte Talent mitbringt und den Zeitgeist kreativ zu interpretieren in der Lage ist. Fragen Sie mal David Guetta.

Die Kommunikation in der neuen Markenwelt funktioniert ganz ähnlich. Marken, die Oldies genauso wie die Newcomer, können Trendsetter bleiben oder werden, indem sie das Bisherige zur Disposition stellen, neu arrangieren und für neue Klänge öffnen. Angstfrei. Ein Remix kann und muss manchmal radikal anders sein als das Original, um Fans noch einmal neu zu begeistern oder neue zu gewinnen. Zum Beispiel durch eine neue Klangfarbe oder einen totalen Genre-Wechsel. Manchmal, aber eben nur manchmal, reicht auch behutsames Umarrangieren, um einen Klassiker zeitgemäß aufzustellen.

Es gibt zwei Erfolgsgeheimnisse für einen Remix. Das eine ist der Wiedererkennungseffekt: ein altes Thema neu bespielt, aber sofort erkennbar. Das andere ist die maximale Entfremdung: ein Thema so zu interpretieren, dass der Wow-Effekt gerade darin besteht, dass es nicht mehr wiederzuerkennen ist.

DJs sind formal sehr kreativ mit den technischen Mitteln, die sie dabei anwenden. Als der Hip-Hop-Pionier Grandmaster Theodore die Nadel 1975 zum ersten Mal absichtlich über das Vinyl zog, war das ein Schock. Kurze

Zeit später, aufgegriffen vom berühmteren Grandmaster Flash und anderen, war das Scratchen ein Trend.[90]

Auf dieser formalen Ebene sind viele Marken, ist auch die Werbung schon weit gekommen: Multi-Channel-Marketing und die maßgeschneiderte Anpassung von Werbebotschaften an verschiedene Kanäle oder Zielgruppen sind heute Standard. Was die Markenwelt dagegen bisher noch nicht gründlich durchdrungen hat, ist die Erkenntnis, dass auch die Inhalte von Kommunikation schal werden, wenn sie zu lange stehen.

Wenn ein Klub sein Publikum wochen- und monatelang mit den immer gleichen Songs zudröhnt, ohne etwas Neues zu bieten, ist er schnell weg vom Fenster. Es gibt Marken, die das Publikum seit vielen Jahren mit dem immer gleichen Thema beschallen, ohne einen einzigen inspirierenden Gedanken hinzuzufügen. Gerade die Giganten in ihren Branchen, die (noch) keinen Anlass erkennen, mit der Zeit zu gehen, setzen oft lieber auf Altbewährtes. Zum Beispiel mit TV-Flights in Endlosschleife, die seit Jahrzehnten insistieren, dass man guten Freunden ein Küsschen zu geben hat. Dafür werden Abermillionen aufgewendet. Dabei wäre es heute durchaus möglich, für einen Bruchteil der Investition ein neues inspirierendes Thema zu setzen. Eines, das die Zielgruppe interessiert und freiwillig geteilt wird. Wie ein heißer Remix auf Soundcloud.

Den Findungsprozess für den passenden Remix können wir uns vorstellen wie die Arbeit eines Grandmasters, der an seinem komplexen Mischpult mit den Möglichkeiten spielt: Erst dreht er den einen Regler hoch, dann den anderen. Dann lässt er eine Spur weg und fügt eine andere hinzu. Immer mit dem Blick ins Publikum. Solange, bis die Menge tobt. Solange, bis der Remix passt. Zu seinem Stil. Zum Zeitgeist. Zum Line-up des Abends. Zum Motto der Party. Und vor allem: zur Meute, die vor ihm abtanzt.

DAS OLDIE-IMAGE ABSCHÜTTELN:
TIPPS FÜR NEUE OHRWÜRMER

So wie etablierte Musiker befreundete Künstler oder aufstrebende DJs an ihre alten Hits setzen, um eine neue Saite anzuschlagen, können sich auch

Marken neuer Talente bedienen. Die können aus dem hauseigenen DNA-Pool stammen oder aus einem völlig fachfremden Genre. Entscheidend für die Auswahl ist die Frage: Was verbindet uns über das Produkt hinaus mit der Zielgruppe, mit Partnern, mit anderen Marken?

Ausschlaggebend für die Umsetzung ist die Anschlussfrage: Was können wir gemeinsam bewegen? Die entscheidenden Deals, die Marken heute mit ihren Kunden eingehen, sind Gesellschaftsverträge. Verträge im Geiste, nicht Verträge über eine Flatrate. Die neuen Überflieger versprechen ihren Kunden nicht, dass sie Leistung für Geld liefern, sondern dass sie konsequent und nachhaltig die gemeinsame Mission bestreiten. Musik noch schöner erlebbar zu machen, zum Beispiel. Das kreative Recht, immer weiter zu bauen, wonach uns der Sinn steht. Die Welt ein Stück gerechter zu machen, indem wir uns von fair gehandelten, nachhaltigen Lebensmitteln ernähren. Umweltfreundliche Mobilität zu ermöglichen. Das Niveau der Sterneköche an den heimischen Herd zu holen. Oder, oder, oder …

BRANDSHIP-FAKTOR TALENT

REMIXEN HEISST EIN GEWACHSENES TALENT DER MARKE ZUSÄTZLICH ZUR KERNKOMPETENZ INS SPIEL ZU BRINGEN, DENN TALENT IST IMMER ANZIEHEND UND WECKT INTERESSE.

_____ WECKEN SIE NEUES INTERESSE BEI DEN MENSCHEN:

· *Setzen Sie sich eine Mission!* Eine, die Ihre Community bewegt. Je weiter das Thema von der Kernkompetenz entfernt ist, desto größer kann die Wirkung sein. Der Bezug der Marke zum Thema muss authentisch gewachsen sein – nur einem Trend zu folgen reicht nicht.

· *Beziehen Sie ein neues Talent ein!* Das Talent muss zum Thema passen und geeignet sein, die selbst gesetzte Mission zu erfüllen. Kommunizieren Sie das Talent über seinen Nutzen: Die Marke wird damit Teil einer interaktiven Bewegung.

· *Kombinieren Sie Content und Kanäle passend zur Mission!* Etablieren Sie sich über vorhandene Plattformen als Experte und/oder erschaffen Sie eine eigene. Keine Angst vor neuen Formaten: Sowohl Content als auch Kanäle müssen zum Talent passen, nicht in erster Linie zur alten Käufergruppe.

Das sind die zentralen Regler auf dem Kommunikationsmischpult, mit denen Marken spielen können, um ihr bestehendes Publikum neu zu begeistern oder die Ausstrahlungskraft der Marke durch eine zeitgemäße Botschaft zu erweitern.

Das Ziel all dieser Bemühungen ist größer, als einen Kaufanreiz zu setzen oder eine passive Fan-Community zu bespaßen. Das Ziel ist eine Bewegung, die die Menschen aktiv einbezieht. Deshalb reicht es nicht mehr, die bekannte Kernkompetenz anzupreisen, denn ein Produkt oder eine Dienstleistung wird immer nur genutzt. Eine gemeinsame Mission dagegen triggert Aktion und Interaktion. Sie beruht auf einem gemeinsamen Talent, für das Marken und Fans miteinander stehen. Gemeinsam können sie es ausspielen, um etwas zu bewegen.

Neue Missionen mit neuen Talenten: Von diesem Imperativ der neuen Markenwelt bleibt nicht einmal James Bond verschont. Festhalten, harte Kerle: Selbst die Marke ihrer Majestät stellt sich inzwischen an den Herd, um das Blut der Bond-Girls zum Kochen zu bringen.

Im aktuellen Bond-Roman Solo[91] verdrückt der Edel-Spion eine Ration an Gaumenfreuden, die jedem Personal-Trainer die Tränen in die Augen treiben würde: von Rinderfilet mit Kroketten über arabische Kohlrouladen bis hin zu gebackenen Bananen in Rum-Butter-Soße. Gut, dass der Mann so viel Bewegung bekommt.[92]

Der britische Autor William Boyd, der die Bond-Reihe von Ian Fleming fortschreibt, macht nicht einmal Halt vor der gelinde gesagt überraschenden Maßnahme, James Bonds geheimes Rezept für Salatdressing ins Buch zu schreiben. Allen Ernstes: der Inbegriff der Männlichkeit als Rezeptonkel. Darauf muss man erst mal kommen. »Mit seiner plötzlichen Leidenschaft fürs Kochen outet sich der letzte Supermacho des Sonnensystems als Gastrosexueller. Also als männliches Allroundtalent, das Gegner weichklopft wie Schnitzel, um gleich darauf eine Lady mit einem sensibel gewürzten Tomatensalat zu erobern.«[93]

James Bond, mal wieder Trendsetter? Nicht wirklich. Ermittler mit der Lizenz zum Kochen sind schon länger ein Renner. Der kulinarische Krimi hat sich zu einem eigenständigen Genre entwickelt. Da werden fiktive Sterneköche zu Ermittlern, und kulinarisch spezialisierte Kommissare finden die Wahrheit buchstäblich im Wein. Auch die beliebten regionalen Krimis aus Bayern oder Rheinhessen beziehen gern die regionale Küche ein.

Blut und Buttersoße – ein merkwürdiger Stilmix? Eben nicht, zitiert die WELT eine Krimibuchhändlerin, die ihre Kunden kennt: »Die Leute brauchen einen Gegenpol zu ihren anstrengenden Jobs. Lesen und Essen sind sinnliche Betätigungen. Umso besser, wenn sich beides verbinden lässt.«[94]

Schon Anthony Hopkins a.k.a. Hannibal Lecter, Gastrosexueller der ersten Stunde mit profunden Anatomie-Kenntnissen, filetierte im dritten Teil der Romanreihe genüsslich das Gehirn eines besonders nervigen (und noch lebendigen) Zeitgenossen live am Tisch, bevor er es an Rotweinsoße anrichtete. Dabei pikste er mit Wonne in die Hirnregionen, mit denen sich die lustigsten Reaktionen erzeugen lassen.

Talente so zu remixen, dass sie einen Nerv treffen: Das ist eine Herausforderung, bei der wir gar nicht quer genug denken können. Von der durchschaubaren Manipulation der Zielgruppe durch anhaltendes Piksen in die immer gleichen Hirnareale mit den immer gleichen Slogans sollten wir dagegen endlich die Finger lassen. Mit einem Standardrezept ist Dr. Oetker noch berühmt geworden. Zukünftig sind die Rezepte jedoch mit Sicherheit individueller und inspirierender, um beim Konsumenten zu punkten. Niemand liefert sich freiwillig Hannibal Lecter aus – und erst recht nicht Tech-Nick.

AUS KAMPAGNEN WERDEN BRANDED STORYS: GESCHICHTE(N) SCHREIBEN

Sorry, Fisch.

Google ist der Champion der nicht mehr ganz so neuen Märkte. Das Symbol einer Ära. Ein Großkonzern mit weltweit über 50.000 Angestellten,[95] zweistelligen Milliardenumsätzen[96] und einem Marktanteil, der selbst als Wahlergebnis in einem Ein-Parteien-System den Diktator stolz machen würde. Fast 95 Prozent sind es in Deutschland; weltweit verarbeitet Google fast drei Viertel aller Suchanfragen des Internets.[97] Google ist eine der wertvollsten Marken der Welt. Und auch eine, die vielen Menschen Angst macht: eine gefühlt kalte, übermächtige, datenfressende Nichtmehr-mensch-Maschine nach dem Modell *1984*, die nach der Weltmacht strebt.

Google könnte all diese Ehrfurcht einflößenden Prädikate für seine Kommunikation nutzen und einen auf dicke Hose machen, so wie andere Großkonzerne das in der Vergangenheit getan haben: die marktbeherrschende Allmacht als Verkaufsargument. An uns kommt keiner vorbei, warum woanders suchen, die Welt ist Google. Selbst Kritiker könnten der Marke alles vorwerfen, nur keinen Realitätsverlust, wenn sie sich zum Größten erklärte. Von Soft- und Hardware-Partnerschaften einmal ganz abgesehen: Medien, Bildung, Wissen, Konsum, Entertainment – je nach Betrachtungsweise ist Google in all diesen Sparten irgendwie Marktführer, mindestens aber Gatekeeper der Marktmacht. Und könnte, wenn das Unternehmen es darauf anlegte, alle Mitbewerber in Grund und Boden werben. Wenn Google denn in erster Linie auf klassische Media-Kampagnen setzen würde, die man vor allem mit Geld kaufen kann.

Macht Google aber nicht. Google ist, wenn wir von den aktuellen Kommunikationsmaßnahmen ausgehen, eher das, was Werber eine »Buddy Brand« nennen. Google macht auf Kumpel. Ganz harmlos, ganz nett, immer hilfsbereit. Alles, nur keine Orwell'sche Allmachtsmaschine.

Deshalb sehen wir in einem der zahlreichen Videos, die gleichermaßen auf verschiedenen Kanälen verbreitet werden, zwei jener »neuen Männer«, die sich über gesunde Ernährung Gedanken machen und beim Anblick eines Küchenmessers eher Angst bekommen als eine Testosteron-Wallung. »Soll ja angeblich echt gesund sein«, sagt der eine, und fragt bei Google per Sprachsteuerung erst mal die Kalorienzahl von Lachs ab. Dann lässt er sich zu einer Video-Anleitung navigieren, wie ein Fisch filetiert wird. Den blutigen Job darf sein Hipster-Kumpel übernehmen. Und der entschuldigt sich erst einmal beim toten Fisch, bevor er das Messer ansetzt.

Die Frage ist: Warum macht Google so etwas? Warum inszeniert sich eine ausgewachsene Kampfmaschine mit weltumspannender Marktmacht als harmloser Hipster-Softie, der sich beim ersten Versuch, einen Fisch zu filetieren, vor Mitleid am liebsten aus der Affäre ziehen würde?[98]

Weil Google nicht als Inbild eines datenfressenden Konzernmonsters wahrgenommen werden will? Ja, unbedingt. Das auch. Google hat die Imagepflege ein Stück weit tatsächlich nötig. Nicht alles, was der Konzern anpackt, funktioniert – zum Beispiel das Experiment mit der Datenbrille Google Glass, die Teckies und Datenschützern gleichermaßen schlaflose Nächte bereitet hat. Dass der Mensch, das Menschenfreundliche im Vordergrund stehen muss, ist eine nachvollziehbare Erkenntnis nach all dem Ärger der letzten Jahre. Als »sozial« könnte man sich aber auch anders inszenieren – zum Beispiel, indem man mit großvolumigen Entwicklungshilfekampagnen auf politisch macht und Millionen spendet. So lief das früher. Tut Google übrigens auch, nur darüber reden sie nicht, jedenfalls nicht sonderlich laut.

Der eigentliche Grund für die menschelnden Spots aus dem Normalo-Leben ist ein anderer: Ein allmächtiger Großkonzern passt nicht in die Lebensgeschichte der User. Google ist als Markenpersönlichkeit nicht greifbar, und mit der Marktmacht wächst auch die Distanz zum Verbraucher. Ein abstraktes Geschäftsmodell wie eine Suchmaschine und alle damit verbundenen technischen Leistungen sind einfach nicht liebenswert, weil nicht sympathisch und schon gar nicht unterhaltsam. Zumal, wenn die Datenschützer die Marke als Ganzes pauschal auf dem Kieker haben.

Mit dieser Nummer ist der Erklärbär überfordert. Google kann keine Entspannung schaffen, indem es seine Produkte immer noch ausführlicher erklärt und sich immer noch transparenter inszeniert, während der Google-Kosmos in Wahrheit immer komplexer und die Produkte immer abstrakter werden. Google kann mit Fakten und Zahlen und Produktinszenierungen nichts mehr reißen – sondern nur noch über den Spirit, über den gefühlten Vorteil des Users, über den Platz der Marke in unserem Leben.

> Ein allmächtiger Großkonzern passt nicht in die Lebensgeschichte der User.

Google kommuniziert über Storys, weil es Teil unserer Story werden will. Teil dieser Geschichten, die wir uns abends am Lagerfeuer erzählen, also: In den sozialen Netzen teilen, und die ganz beiläufig das Gesicht der Marke zementieren, ein Lagerfeuer nach dem anderen. Die Geschichten vom Kumpel, den wir cool finden und mit in die Runde holen.

Im Brioni-Anzug mit Aktenkoffer und Rolex wird das nichts. Deshalb zieht der Multimilliardär Google sich Shorts und Flip-Flops an und erzählt uns Buddy-Geschichten, die wir gern teilen, gemütlich am Lagerfeuer versammelt. Bevor wir uns zum ersten Mal daran versuchen, den Fisch zu filetieren, den wir gemeinsam grillen wollen.

»Kein Problem«, sagt Buddy Google, »ich weiß, wie das geht.«

Echt? Cool!

Und sorry, Fisch.

SHARED VALUE STATT SHAREHOLDER VALUE

Google steht nicht allein vor der Herausforderung, sein enormes Marktpotenzial in Darstellungsformen zu übersetzen, die immer abstrakteren Produkten an immer stärker gesättigten Märkten überhaupt noch Traktion verleihen können. Auch »alte« Marken müssen ihre altbekannten Produkte neu legitimieren; die vielen neuen Plattformen mit ihren vielen neuen Dienstleistungen erst recht. Markenmacher müssen im Dickicht der Angebote bei den Menschen erst einmal eine Bereitschaft erzeugen, sich ausgerechnet mit ihren Produkten innerhalb einer unüberschaubaren Produktwelt zu beschäftigen. Und das ist heute leichter gesagt als getan.

Viele Marken folgen dabei immer noch dem altgedienten Reflex, auf Bewährtes zu setzen. Vor allem: ihre USP. Davon, meinen viele Entscheider, kann man ja gar nicht genug bekommen. Und erklären uns immer wieder aufs Neue ihr Produkt. Erfinden den millionsten Grund, warum man guten Freunden ein Küsschen zu geben hat. Warum immer noch eine Klinge mehr immer noch bessere Ergebnisse bei der Rasur liefert. Warum man auch für schwarze Wäsche ganz dringend ein separates Waschmittel braucht, und für Jeans, wahrscheinlich auch für Raumanzüge.

Was von vielen Kommunikationsbeauftragten übersehen wird, ist die einfache Frage: Warum soll sich der Kunde damit überhaupt noch abgeben? Muss er nämlich nicht. Wir können ihn nicht zwingen, sich damit zu beschäftigen, wie viele Waschmittel er möglicherweise noch verwenden könnte. Wir können ihm nicht abverlangen, dass er ernsthaft darüber nachdenkt, ob sein Rasierer noch eine Klinge mehr braucht. Und schon gar nicht können wir erwarten, dass er das tut, was am wichtigsten ist, um unsere Marke ins Gespräch zu bringen: dass er seine Kumpels mit unseren USP behelligt. »Alter, ich sag's dir: Die Klinge mehr bringt's voll!«

Werbung, die auf den Abverkauf zielt, schielt mit dem anderen Auge immer in Richtung Shareholder Value. Markenkommunikation, die erst einmal eine Bereitschaft erzeugen muss, sich mit neuen Angeboten überhaupt noch auseinanderzusetzen, muss ihr Augenmerk auf einen ganz anderen Wert richten: den Shared Value.

Eine erfolgreiche Kommunikationsmaßnahme ist nach dieser Rechnung eine, die Menschen gern teilen. Auf Facebook, im Gespräch, durch Empfehlungen unter Freunden, auf welchem Kanal auch immer.

Werbung, die das leisten will, darf verdammt noch mal nicht mehr nerven. Sie muss genau das Gegenteil erreichen wie die Awareness-Dröhnungen der Vergangenheit: Dass wir sie gern sehen und uns auf die nächste Begegnung mit der Marke freuen. Und dass wir wollen, dass unsere Freunde das auch erleben. Das ist Shared Value: die Freude am Teilen.

Menschen teilen nicht gern USP. Freunde erzählen sich keine Verkaufsargumente. Erklärbären mit Beipackzettel im Rucksack sind keine gern ge-
sehenen Gäste an Lagerfeuern.

Geteilt wird nur, was unterhaltsam ist. So spannend, so witzig, so originell, dass die Kumpels das nicht verpassen dürfen. Das geht nur mit Storytelling. Mit Geschichten, die jeder, der sie weitererzählt, automatisch mit
der Marke verknüpft: Branded Storys. Wenn sie die Zielgruppe durchdringen, entsteht als Begleiterscheinung die Begehrlichkeit, die Produkte in
Augenschein zu nehmen, um die sie sich ranken: Was alle meine Kumpels
cool finden, sehe ich mir auch mal genauer an. Die Zeit nehme ich mir
gern. Die Zeit, noch mehr Waschmittel zu vergleichen: eher nicht.

EIN ROLE MODEL ETABLIEREN:
DER ENTREPRENEUR UND DIE ZIEGE

Ashton Kutcher macht Werbung für Lenovo – hätten wir früher gesagt. Doch
wenn Ashton Kutcher zum Protagonisten der Branded Story von Tech-Gi-
gant Lenovo wird, dann nicht als Testimonial. »Product Engineer« nennt
der Konzern seinen Markenbotschafter liebevoll, um zu demonstrieren: Der
Hollywoodstar ist mehr als ein eingekauftes Gesicht, nämlich ein Kollaborateur. Er steckt mit uns unter einer Decke. Und das bedeutet: Wir haben eine
gemeinsame Geschichte.

Die erzählt uns Lenovo in sehr unterhaltsamen Episoden aus dem Leben
von Ashton Kutcher, dem prominenten Kollaborateur persönlich. In diesen
Geschichten hat das Produkt selbst, ein Tablet-PC, nur eine Nebenrolle. Eigentlich geht es um Kutcher. Um Kutcher, den »Product Engineer«, immer
am Puls der Marke. Und vor allem: um Kutcher, den Entrepreneur. Der Markenbotschafter als Role Model.

»For those who do« ist der Slogan von Lenovo und dem Image des
prominenten Botschafters geradezu auf den Leib geschneidert. Der ist, im
Gegensatz zu den meisten alten Testimonials, nämlich nicht nur ein aus-
tauschbares Hollywoodgesicht, sondern tatsächlich auch Tech-Investor. In
seiner Rolle als Software-Milliardär in der Sitcom *Two and a Half Men* und

auch im wahren Leben, als Gründer des Venture Funds A-Grade. Kutcher ist ein echter Entrepreneur.

Und Entrepreneur sein ist sexy. Erfolgreicher Entrepreneur sein noch mehr. Ashton Kutcher könnte sich auf seinen Hollywoodmillionen ausruhen, doch das tut er nicht. Stattdessen tut er genau das, was ihm gefällt. Den Spagat vom Hollywoodschönling zum High-Profile-Unternehmer schlägt er scheinbar mit links – und kommt dabei genauso authentisch rüber wie exzentrisch. Das kontrastreiche Profil des jungen Machers ist eine Steilvorlage für die Markenkommunikation eines Tech-Konzerns, der das verstaubte Image der IBM-Produkte für die junge, technikaffine Professional-Zielgruppe aufzupolieren hat. Lenovo braucht den Begehrlichkeitsfaktor, um es von der biederen Laptop-Schmiede aus Fernost zur Lifestyle-Brand der jungen Macher zu schaffen.

Was tut so ein Star-Entrepreneur, wenn er morgens aufsteht? Das wollen wir wissen, das ist spannend, das ist relevant für die, die sich mit diesem Role Model identifizieren. Die Antwort ist genauso schräg wie prägnant: Gekleidet in einen Morgenmantel, in dem ein »normaler« Milliardär wohl nicht tot ertappt werden wollen würde, sitzt er an der Küchentheke seiner durchgestylten Villa und liest auf dem Tablet Nachrichten. Mit der linken Hand. Mit der rechten melkt er die Milch in sein Müsli – direkt aus einer Ziege, die auf der Küchentheke steht. *Milk on demand*, heißt der Clip.[99] Die Milch macht's also auch bei Kutcher möglich. Wie beruhigend.

In einem anderen Clip strickt er einen Strampler für ein Baby – von der Vorlage eines Netzfotos auf dem Tablet.[100] In wieder einem anderen ist er 18 Stunden Akkulaufzeit lang mit dem Tablet unterwegs durch einen ganz normalen Kutcher-Tag: Raumanzug-Anprobe, Videodreh und Businesspräsentation in Unterhose inklusive. Auf dem Bildschirm sieht seine Gesprächspartnerin nur die obere Hälfte – das klassische Businessjackett. Untenrum ist er so frei, es etwas anders zu machen. Hauptsache: machen.[101]

Die spleenige Verspieltheit der Clips dient nicht allein dem Unterhaltungswert. Der Protagonist lebt in diesen Clips die Fantasie der Zielgruppe aus: mittels Erfolg nur noch zu tun, was das Entrepreneurherz begehrt. »Only if you are Ashton. Do more of what you want«, beschreibt Lenovo den Ziegen-Clip. Sei du selbst, und tu mehr von dem, was du eigentlich tun willst.

Genau dieses Image vom ausgeflippten Entrepreneur, der tut, was ihm gefällt, kultivieren die Clips von Lenovo – mit kleinen Episoden aus dem Alltag. Dem Alltag eines Lebenskünstlers mit Narrenfreiheit, so wie die Zielgruppe ihn selbst gern führen würde.

Welchen Platz hat das Produkt in diesen Branded Storys aus dem Leben? Als Edel-Requisit steht es für das »einfach« in »einfach machen – egal was«. Das Tablet wird in den Geschichten aus dem Entrepreneursalltag zum Unterstützer derer, die tun, was sie wollen. Das selbstverständliche Werkzeug des Machers, das er links hält, während er rechts die Ziege melkt. Mit dem er schnell den nächsten Termin absagt, weil er gerade in den Weltraum fliegt. Das es ihm ermöglicht, in Unterhose auf dem Sofa eine Präsentation zu halten und in der Videokonferenz trotzdem auszusehen, als sei er korrekt befrackt. Das Accessoire des Entrepreneurs, dem alles leicht fällt. Nicht zuletzt wegen dieses Geräts: Das Tablet unterstützt ihn in seiner Flexibilität.

Lenovo schließt mit den Clips die begehrenswerte Welt eines neuen Role Models auf. Der Fokus dieser Story ist ein ganz anderer als bei den klassischen Must-haves der Erfolgreichen: Nicht Karriere, nicht »the lucky one«, nicht Pomp und Gloria. Sondern die Freiheit zu tun, was man will und wie man will. Ein neuer Unternehmer-Typus für eine neue Stilgruppe von Erfolgreichen.

Wenn es einer Marke gelingt, solche Figuren zu kreieren und die Kunden in deren Welt hineinzuziehen, ist das mehr als ein cleverer Schachzug für den schnellen Absatz. Vielmehr wird durch die Branded Story eine eigene Welt geschaffen, in der die Kommunikation fortan beliebig agieren kann. Mal mit dem Schwerpunkt auf irrwitzigen Charakteren wie einer Ziege, um Aufmerksamkeit zu generieren, oder auf den Spleens des Protagonisten. Mal mit einem Quäntchen mehr Hardselling, wie im Spot über die 18 Stunden Akkulaufzeit. Und dann auch mal ganz live und zum Anfassen jenseits des Bildschirms, wie bei Kutchers Auftritt auf der #TECHmyway-Konferenz von Lenovo im Februar 2015 in Sydney, wo der Markenbotschafter eine echte Präsentation darüber hielt, wie die richtigen Fragen großartige Lösungen anschieben.

Storytelling im Sinne einer Branded Story bedeutet nicht immer, eine Storyline zu haben. Es ist nicht immer notwendig mit Action, Lachern und Love Storys den Kinos die Besucher streitig zu machen. In erster Linie geht es darum, die Fans des Protagonisten und die Fans der Marke in eine Welt einzuladen, in der sie sich pudelwohl fühlen und die sie immer weiter entdecken wollen. Die anziehend genug ist, um eine Bereitschaft für die Beschäftigung *auch* mit der Marke und mit dem Produkt zu erzeugen.

Es ist dieses »auch«, das den großen Unterschied zu den Geschichten der Vergangenheit macht. Branded Storys wie die der Lenovo-Kutcher-Kollaboration sind das Gegenbild der Geschichten von Tante Tilly, die letztlich nur dazu dienen, das Produkt zu erklären. Bei Branded Storys steht tatsächlich die Story im Vordergrund, nicht die Brand.

Das ist die Grundvoraussetzung für Geschichten mit Shared Value: Kommunikation mittels Story um der Botschaft willen. Wir teilen Geschichten, nicht Werbespots. Wir identifizieren uns mit Protagonisten, zumal wenn sie Role Models sind, nicht (mehr) mit Markennamen. Und wir kaufen Produkte, die zu dieser Welt gehören – um ein Teil davon zu werden.

DAS PRODUKT IMMER NEU INTERESSANT MACHEN: ALLES FÜR DIE BLÖDE KAPSEL

Was tut George Clooney nicht alles für diese blöde Kapsel. Ein bisschen irre mutet es ja schon an, wenn das Role Model seiner Hollywoodgeneration die teuren Schuhe hergibt, um die letzte goldene Espresso-Kapsel zu bekommen. Die hat ihm sein französischer Schauspielkollege Jean Dujardin nämlich gerade weggeschnappt, der Gott sei Dank nicht für den gleichnamigen Cognac ins Rennen geht. »Wie weit würden Sie für einen Nespresso gehen?«, hat die Marke den Clip betitelt.[102]

Vermutlich nicht so weit, auch noch vollständig bekleidet ins Wasser zu springen und zur Jacht in der Bucht zu schwimmen, auf der George Clooney als Retourkutsche Dujardins Latte macchiato abgestellt hat. Aber das ist okay: Luxusprotagonisten haben Luxusprobleme und dürfen sie haben. Genau darum geht es schließlich: ums Wegträumen. Wenn wir an der

Kaffeetasse nippen, dürfen wir uns fühlen wie die beiden Helden auf dem Schloss am Wasser. Premium-Setting für das Premium-Feeling, auf das die Marke mit dem »Club Nespresso« setzt: Diese Branded Story ist ganz gezielt übertrieben, denn sie soll den Kaffeetrinker in eine Premium-Welt einladen. Eine sorgenfreie Welt des Genusses, in der nur der Moment zählt. Nur diese eine Kapsel. Und wenn man sich dafür zum Premium-Horst machen muss.

Beispielhaft an der Welt der Nespresso-Filme ist auch, wie die Marke zusätzlich zum Storytelling mit einem weiteren Brandship-Faktor spielt. Der Blick hinter die Kulissen stellt eine weitere Strategie dar, mit der die neuen Geschichtenerzähler uns in ihre Markenwelten hineinziehen.[103] Der Zugang zu dieser Welt hört bei Nespresso nämlich nicht auf der Bühne auf. Vielmehr nehmen die Macher des Spots uns mit hinter die Kulissen: Am Ende des Films spricht Jean Dujardin den bekannten Slogan: »What else«, mit dem alle Nespresso-Clips seit geraumer Zeit enden. Erst einmal in praktisch akzentfreiem Englisch und nicht viel anders, als George Clooney ihn viele Male zuvor gesprochen hat. Nicht französisch genug, scheint der Blick des Regisseurs ihm zu sagen, denn Dujardin versucht es gleich noch einmal – schon kantiger, aber immer noch nicht recht charakteristisch. Beim dritten Versuch klappt es: »Wat el-se«, dekoriert der Franzose den Slogan und macht ihn zu seinem eigenen. Ein charmantes Augenzwinkern, der das ansonsten so cleane, durchinszenierte Haute-Volée-Image angenehm bricht und auf den Teppich holt. Nur für den Fall, dass der Zuschauer noch nicht gemerkt hat, dass der Franzose seinen Nespresso natürlich mit Milch trinkt.

Das Spiel mit regionalen Klischees und Besonderheiten, mit Herkunft und Persönlichkeitsaspekten: Auch das ist eine Komponente des Branded Storytellings, die sich mehr und mehr durchsetzt, weil sie die Markenerfahrung durch Identifikation konkretisiert.

Was wir erst durch das Behind-the-Scenes-Video erfahren, das Nespresso ebenfalls in Umlauf gebracht hat, ist, dass kein einschlägiger Werberegisseur den Film produziert hat, sondern Clooneys Buddy und langjähriger Kollaborateur Grant Heslov.[104] Die beiden haben zusammen einen Oscar gewonnen – für den Film *Argo*.

Diese Personalie ist nicht der einzige Beweis dafür, dass Werbung und Entertainment, Werbung und Kunst sich einander annähern. Zwar ist es nicht neu, dass Filmregisseure High-End-Werbung machen – das gab es schon immer. Der Unterschied ist: Heute wird darüber gesprochen. Die Schnittmenge liegt auf der Hand: Wenn Branded Storys Menschen unterhaltend in eine Welt hineinziehen sollen, die von Protagonisten mit Identifikationswert lebt und den Menschen entweder das Wegträumen ermöglicht oder sie mitten in ihrem Leben abholt, dann liegt die Einbeziehung von Storytelling-Profis wie Regisseuren und anderen Entertainment-Künstlern nahe. Die Branded Story ist oft wichtiger als das eigentliche Produkt. Früher war der Dreh- und Angelpunkt die Frage: Wie setzen wir das Produkt in Szene? Heute wird das Projekt so aufgesetzt, dass es sich maximal für das Storytelling ausreizen lässt: Welchen Regisseur nehmen wir? Wo drehen wir den Clip? Wie teuer darf das werden? Kann das Image von George Clooney die Umweltsauerei mit den Kapseln überhaupt vertragen?

Weitere künstlerische Überlegungen, die sich aufs Storytelling statt auf das Produkt beziehen, reihen sich da logisch ein: Wenn schon ein Schauspieler als Markenbotschafter, warum dann nicht auch ein echter Filmregisseur als leitender Kreativer? Bei den produktzentrierten Kampagnen der Vergangenheit hätten diese Fragen allenfalls eine Nebenrolle gespielt und wären in vielen Fällen schon am Kostenfaktor gescheitert. Heute sind sie nicht nur relevant, sie sind zentral. Weil für die Kommunikation nicht das Produkt zentral ist, sondern die Branded Story.

AN KUNST UND ENTERTAINMENT ANNÄHERN: DAS GENRE MARKENFILM

Die Idee, die kreative Umsetzung von Markenkommunikation hochkarätigen Story-Künstlern zu übertragen, ist so neu nicht mehr. Noch viel älter ist der stilbildende Effekt großer Geschichten. Neu ist allerdings, dass Kunst, Entertainment und Markenkommunikation sich inzwischen so weit angenähert haben, dass die Ergebnisse solcher Kollaborationen oftmals nicht mehr nach Werbung aussehen. Und das aus gutem Grund. Eine gute Branded Story war nämlich schon immer für einen Durchbruch gut, ohne zu nerven. Und genau das macht den Shared Value von Branded Storys aus.

Manche Filme und Serien haben den Stil einer ganzen Generation geprägt. Insbesondere manche Mode- und Lifestyle-Marke schaffte es von der Leinwand in den Kleiderschrank von Millionen. In den 1960ern prägte Audrey Hepburn alias Holly Golightly in *Frühstück bei Tiffany* mit ihren Etuikleidern, Ballerinas und übergroßen Sonnenbrillen den Stil eines ganzen Jahrzehnts. Modischer Mastermind im Hintergrund: Hubert de Givenchy. Wem haben wir die anhaltende Popularität des »Kleinen Schwarzen« zu verdanken – ihm oder dem Film? Beiden, natürlich – Hepburn und Givenchy waren mit ihrem Brandship-Faktor kommunikationstechnisch ihrer Zeit weit voraus. Die Marke wurde mit Hepburn zur ganz großen Nummer im Mode-Business – mittels des Mediums Film.

In den 1980ern begegnete man dank *Miami Vice* an jeder Ecke Typen in weißen Jeans und rosa Sakkos. Die Sonnenbrille Large Aviator von Ray Ban, getragen von Tom Cruise 1986 in *Top Gun*, ist bis heute ein Dauerseller erster Güte. *Sex and the City* sorgte zur Jahrtausendwende dafür, dass Mode von Luxusmarken zum Must-have auch in den Kleiderschränken von Durchschnittsverdienern wurde.

Die großen Storys und die Marken einer Zeit sind hinter den Kulissen schon immer eng verknüpft gewesen.

Heute: auch in den Kulissen. Markenkommunikation und die Kunst des Geschichtenerzählens sind keine Widersprüche mehr. Und Marken und Künstler müssen ihre Liaison nicht mehr verbergen. Die Einbeziehung von Regisseuren bei der Inszenierung von Branded Storys mit Stopping Power ist heute für beide Seiten ein veritables Aushängeschild.

Unter zahllosen Beispielen ist eine besonders stilprägende Story-Kollaboration sicher die von BMW mit bekannten Regisseuren wenige Jahre nach der Jahrtausendwende gewesen, am prominentesten die mit Guy Ritchie. Bei diesen frühen Prototypen des Genres »Markenfilm« wurde der Begriff »Film« noch wörtlich genommen: Diese Mini-Blockbuster waren nicht für den Werbeblock gedacht, sondern eigenständige Kunstprodukte zwischen fünf und zehn Minuten Dauer. Aber immerhin: Der werbende Gedanke hinter der Story war endlich kein Geheimnis mehr. Und der »Werbe«-Job für die Regisseure kein Tabu.

Ist das noch Werbung, oder schon Kunst? Bei den ersten Branded Storys stellte sich diese Frage noch explizit, und die Antwort schlug eher in Richtung Kunst aus. Heute haben sich die Genres Filmkunst und Markenfilm soweit angenähert, dass sie rein formal manchmal nur noch durch ihre Dauer zu unterscheiden sind. Viele TV-Spots bieten Unterhaltung auf hohem Niveau. Und viele Regisseure, die einen Marken-Flight früher wohl nicht mit der Kneifzange angefasst hätten, toben sich heute lustvoll in diesem Genre aus. Markenfilme zu drehen, ist sogar für Top-Regisseure salonfähig geworden. Die großen Geschichten haben in die Werbung Einzug gehalten. Die Kunden wollen inspiriert und kreativ stimuliert werden – nicht mit einem TVC abgefrühstückt.

Werbung darf heute auch Kunst sein, Kunst schreckt heute nicht mehr vor Marken zurück, und Künstler können, ja sollten heute auch Werbung machen.

Für den Zuschauer vor dem Fernseher oder im Kino ist das geradezu erleichternd: Werbung, die endlich nicht mehr nervt, sondern unterhält. Noch mehr gewinnt nur einer, nämlich die Marke selbst. Markenfilme, die als Kunst durchgehen, eine mitreißende Story erzählen und nicht in aufdringliche Produktpräsentationen ausarten, sind genau das, was den Share-Finger der Fans zucken lässt. Markenfilme mit künstlerischem Anspruch sind die Königsdisziplin jeder

> Werbung darf heute auch Kunst sein, Kunst schreckt heute nicht mehr vor Marken zurück, und Künstler können, ja sollten heute auch Werbung machen.

kanalübergreifenden Branded Story. Heute begegnen wir ihnen auch im Standard-Werbeblock. Ihre eigentliche Währung: die Klicks bei YouTube. Hier ist der Shared Value direkt ablesbar.

Schon immer haben Blockbuster Trends gesetzt. Wenn eine Branded Story, sei es als Film oder in anderer Ausdrucksform, durch ihren Shared Value bei der Zielgruppe den Nimbus eines kulturellen Allgemeinguts erreicht, erzielt sie eine viel tiefere Wirkung als eine kurzfristige Steigerung des Abverkaufs. Sie prägt einen Trend, wird Stil gebend, geht ins kollektive Wissen ihrer Generation ein.

Manch eine Branded Story dieser Qualität vergessen wir genauso wenig wie ein Top-Movie. Noch Jahre später nehmen wir sie als Stil bildend in unserem Leben wahr. So erzeugen Branded Storys – nicht nur in Filmform – Markenbeziehungen: eine gemeinsame Geschichte zwischen Mensch und Marke, die verbindet und bleibt.

VIRALE STORY GLEICH GUTE STORY?
DER MYTHOS VON DER ZUFÄLLIGEN VIRALITÄT

Wenn die Klicks bei YouTube als Skala für den Erfolg einer Branded Story in Filmform gelten können, liegt der Schluss auch für andere Kanäle auf der Hand: Eine gute Branded Story ist eine virale Branded Story.

Könnte man meinen. Viral sind viele erfolgreiche Branded Storys tatsächlich. Viele weniger erfolgreiche allerdings auch. Viral ist nämlich nicht gleichbedeutend mit »unerwartet erfolgreich«, wie der eingebürgerte Gebrauch des Begriffs »viral« suggeriert: Wow, was für ein Volltreffer, unser genialer Markenfilm ist ein Hit auf YouTube!

Markenkommunikateure verlassen sich nicht auf den Zufall. Viralität ist keine Überraschung, keine lobhudelnde Wertschätzung der vernetzten Gemeinschaft für eine besonders gute Idee. »Viral« ist letztlich eine Media-Strategie wie jede andere.

Ein Beispiel ist die »Supergeil«-Kampagne von Edeka mit dem bärtigen Typen, die als Paradebeispiel für einen viralen Erfolg gilt. Ist sie auch – nur nicht in dem Sinne, dass ein Werbespot es aufgrund seiner Genialität ganz überraschend zum YouTube-Hit gebracht hat. Die Kampagne ist ganz einfach ein Beispiel für eine moderne Herangehensweise an Werbung: Hier wurden nicht Millionen in die Hand genommen, um besonders hochwertige Filmchen zu drehen oder einen Star ins Boot zu holen. Hier wurden, wie bei vielen Kampagnen, die als »virale Hits« gefeiert wurden, die Millionen schlicht ins Hochladen der Angebote gesteckt. Konkret: Mit gezielten Platzierungen in bestimmten Medien wird dafür gesorgt, dass der als viral vorgesehene Inhalt eine gewisse Flughöhe erreicht, damit er sich relativ verlässlich weiterverbreitet. Das ist kein Zufall, das ist Strategie. In den meisten Fällen jedenfalls.

Wenn die Strategie funktioniert, ist das natürlich trotzdem erfreulich – genauso wie bei einem süßen Kätzchenvideo, das tatsächlich überraschend viral wird. »An sich ist Viralität ja nichts Schlechtes, sie basiert auf dem ältesten Kommunikationsprinzip der Welt: dem des Weitererzählens.«[105] Sagt Internet-Experte Sascha Lobo, und spielt damit auf die Gefahr einer Boulevardisierung des Internets an. Was als Gefahr für den Qualitätsjournalismus wahrgenommen wird, der seinen USP in der digitalen Welt schwinden sieht, ist für die Markenkommunikation hingegen eine Steilvorlage: »Neu ist, dass sich Aufmerksamkeit im Netz ausdifferenziert – und traditionelle Kanäle verdrängt.«[106] Genau auf diese Entwicklung setzen virale Strategien. So wie frühere Media-Strategien aufs Fernsehen gesetzt haben.

Viral, das ist im Kontext der Markenkommunikation einfach TVC in jung. Keine neue, bahnbrechende Erfindung. Und damit auch kein Qualitätsmerkmal einer Branded Story. Eine gute Branded Story hat einen Shared Value. Ob sie viral wird oder nicht, wird meist lange vor dem Launch entschieden.

WARUM BRANDED STORYS?

Immer mehr Marken wollen eine Geschichte erzählen – im Idealfall ihre eigene. Dass Markenkommunikation immer öfter in hohem Maße erzählerisch angelegt ist, hat vor allem zwei Gründe. Einer ist die Notwendigkeit, sich glaubwürdig als gesellschaftlicher Akteur mit einer eigenen Persönlichkeit zu präsentieren. Die Überschneidungen mit den Interessen der Zielgruppe hören bei zeitgemäßen Brands nicht auf Produktebene auf.

Ein weiterer Grund ist die Tatsache, dass die Form der Kommunikation als Alleinstellungsmerkmal nicht mehr ausreicht, um nachhaltig Platz im

Bewusstsein und im Leben der Menschen zu finden. Die knallige Optik oder die auffällige Headline einer Kampagne war früher und ist manchmal auch heute noch gut für einen kurzfristigen Ausschlag am Markt. Für eine langfristige Bindung der Kunden reichen solche Strategien nicht mehr aus.

Je freier die Mediennutzung, je vielfältiger die Kanäle, desto wichtiger ist die Relevanz der Botschaft, die eine Marke aussendet. Diese Message lässt sich am effektivsten transportieren, indem sie in eine Geschichte eingebunden wird, die wir gern weitererzählen. Das Soziale, im Sinne des Vernetzungsgedankens, gewinnt exponentiell an Bedeutung in der neuen Markenwelt. Auch angesichts immer weniger differenzierender Produkte braucht die Kommunikation dieses neue Spielfeld.

Abgesehen von der Notwendigkeit, über einen originellen Kommunikationsansatz wahrgenommen zu werden, bringt es für Marken langfristig betrachtet auch inhaltlich große Vorteile, auf das Geschichtenerzählen zu setzen.

Eine Branded Story, die Fans und Partner der Marke in eine eigene Welt hineinzieht, erzeugt eine Bereitschaft zuzuhören: Über die Geschichte nähern sich die Menschen der Marke an – und damit unweigerlich auch deren Leistungen, Produkten, Angeboten. Und zwar ohne sich unangenehm angebaggert zu fühlen, ohne das Gefühl mit marktschreierischen Methoden über den Tisch gezogen zu werden, ohne nervige Awareness-Dröhnung an allen Ecken und Enden.

Dadurch entsteht eine andere Qualität der Beziehung, die mit kurzfristigen Maßnahmen nicht zu erreichen ist. Eine Geschichte, die einmal ihre Zugkraft entfaltet hat, sorgt für einen anhaltenden Pull-Effekt. Werbung, die nicht nervt, sondern gern gesehen wird, wird auch in der Fortsetzung gern gesehen. Wenn Fans sich mit der Botschaft und den Protagonisten der Geschichte identifizieren, sind sie auch bereit ihnen zu folgen – in neue Abenteuer, in neue Produktwelten, in ihrem Reifungsprozess. Sie sind sogar bereit, ihnen Ausrutscher und Rückfälle zu verzeihen, wenn mal eine Episode misslingt.

Das ist nämlich der wesentliche Vorteil von Branded Storys bei der Kundenbindung: Die Geschichte bietet der Marke eine dauerhafte Plattform, um wahrgenommen zu werden. Diese Plattform lässt sich beliebig bespielen und erweitern – um neue Episoden, neue Charaktere, neue Kanäle. Im Vergleich zu den abgeschlossenen, kurzfristigen Kampagnen der Vergangenheit fühlt sich das für die Fans im Idealfall an wie das Warten auf das nächste *James Bond*-Fortsetzung: Neben der Begehrlichkeit entsteht auch eine Verbindlichkeit. Das Gefühl, sich auf die Lieblingsmarke verlassen und berufen zu können. Einen Partner in ihr zu haben, einen Fels in der Brandung, der nicht mit der nächsten Trendwelle wieder davongespült wird.

Einige Marken haben es mit ihren Branded Storys inzwischen zu einem solchen Nimbus gebracht, dass wir regelrecht darauf warten: Was werden Sie als nächstes tun? Zum Beispiel Google mit seinen Episoden aus dem Leben. Zum Beispiel Apple mit seinen minimalistischen, aber hochgradig atmosphärischen Emotionscollagen, in denen sich eine besondere Mikro-Story aus dem Leben an die andere reiht. Zum Beispiel auch die Telekom mit ihrer Familie Heinz, der wir bei ihrem ganz bodenständigen und doch auf Normalo-Art sympathisch exzentrischen Alltag durch die Gardinen schauen dürfen.

Aus der Welt ihrer Branded Story kann eine Marke immer wieder profitieren. Sie kann immer wieder neu anbauen und sich immer wieder neu interessant machen.

Gleichzeitig macht gerade dieses langfristige Commitment zu einer Markengeschichte die Markenkommunikation jedoch auch flexibel. Ein naheliegender Einwand gegen eine solche Verbindlichkeit wäre ja: Wie soll man da noch auf Trends reagieren, wie die Veränderungen des Marktes abbilden, wie geniale Ideen der Konkurrenz kontern?

Auch das – und gerade das – erlauben Branded Storys. Sie bieten die Vorteile beider Welten: den Aufmerksamkeitsfaktor einer genialen Kampagne gepaart mit kontinuierlicher Wahrnehmung, und die Flexibilität, ständig Neues addieren zu können, gepaart mit der Verbindlichkeit einer langfristigen Strategie. Eine eigene Welt, die auf einer originellen Geschichte aufbaut, erlaubt kontinuierliches Basteln am lebenden Organismus. Zumal das Improvisierte einer Story in Echtzeit die Authentizität der einzelnen Maßnahmen noch verstärkt.

Die Vielfalt der Kanäle, die bei einer guten Story in voller Breite genutzt werden kann, unterstützt diese Flexibilität noch. Branded Storys stehen für einen starken Eindruck mit mannigfaltigen Zutrittsmöglichkeiten, die einander ergänzen und befördern. Schon gesehen? Die Telekom-Familie hat jetzt auch eine Website! Schon gesehen? Auf dem YouTube-Kanal von Nespresso gibt's das Making-of! Schon gesehen? Ashton Kutcher hat auf der Developer's Conference von Lenovo einen Vortrag gehalten!

So geht Eindruck heute.

GESCHICHTEN ERZÄHLEN:
TIPPS FÜR BRANDED STORYS, DIE EINDRUCK MACHEN

Welche Geschichte zu Ihrer Marke, Ihrer Botschaft passt, ist eine äußerst individuelle Frage, auf die es keine Standardantwort gibt. Telekommunikationsanbieter erzählen Geschichten von vernetzten Familien in ihren vernetzten Heimen, Automarken erzählen Travel Stories von und mit mobilen Kreativen, Mode-Plattformen lassen junge Frauen von Erlebnissen mit ihren Outfits erzählen. Soziale Netzwerke, die von den Stories ihrer Nutzer leben, erzählen einfach deren Geschichten. Die Möglichkeiten sind unendlich, und doch jedes Mal so einzigartig wie die Marke selbst.

Auch in welcher Darstellungsform und über welche Kanäle die Geschichte erzählt wird, ist vom Einzelfall abhängig. Sowohl die Inhalte als auch die gewählte Strategie für ihre Verbreitung können immer nur maßgeschneidert sein. Der Marke auf den Leib geschnitten, der Zielgruppe an ihren individuellen Touchpoints präsentiert. Auf spielerische Weise, unter Einsatz aller relevanten Kanäle und Mechaniken. Medial, viral, Hauptsache nicht tangential vorbei. Was zählt, ist der Shared Value.

> Die Story muss die Marke erlebbar machen.

Und doch gibt es einige Muster, die sich in allen Branded Storys finden: notwendige Bedingungen dafür, dass die Markenkommunikation via Storytelling gelingt. Das Ziel jeder Branded Story besteht darin, Fans und Partnern eine Welt zu eröffnen, die sie jederzeit und auf allen Kanälen betreten können. Die Story muss die Marke erlebbar machen.

BRANDSHIP-FAKTOR STORYTELLING

BRANDED STORYS MIT SHARED VALUE SIND GESCHICHTEN, DIE WIR GERN SEHEN UND GERN WEITERERZÄHLEN – WERBUNG, DIE ENDLICH NICHT MEHR NERVT.

ERZÄHLEN SIE EINE GESCHICHTE, DIE MENSCHEN AN IHRE MARKE ____ BINDET:

· *Schenken Sie den Menschen eine eigene Welt!* Es kommt nicht auf die Storyline an, sondern darauf, dass die Menschen sich in dieser Welt verorten können. Das können fortlaufende, improvisierte Anekdoten aus dem Leben sein oder große Epen zum Wegträumen. Hauptsache neu, originell und spannend.

· *Denken Sie ans Entertainment, nicht ans Produkt!* Sie können ein neues Role Model einführen oder Typen aus Ihrer Zielgruppe spiegeln. Entscheidend ist, dass die Menschen mehr von den Protagonisten sehen wollen. Die Produkte rücken als Werkzeuge in den Hintergrund.

· *Beschränken Sie sich nicht aufs Werben!* Schreiben Sie Geschichten, die auch außerhalb des Werbeblocks funktionieren. Betrachten Sie Ihre Branded Story als Multikanal-Plattform. Machen Sie den Fans das Weitererzählen, also das Teilen leicht – online und auch offline.

Tatsächlich ist die ideale Branded Story so angelegt, dass sie gerade die nicht Werbeaffinen abholt. Das bedeutet für alle, die Markenkommunikation betreiben, auf mehreren Ebenen umzudenken: nicht mehr in kurzfristigen Kampagnen, sondern in langfristigen Strategien. Nicht mehr in Produkten und Verkaufsargumenten, sondern erzählerisch und unterhaltsam. Nicht mehr auf den Abverkauf konzentriert, sondern auf den Shared Value.

Damit verändert sich auch die Wahl der Partner, die Marken in ihre strategischen Überlegungen einbeziehen. Künstler und kreative Geschichtenerzähler sind für Branded Storys die besseren Partner als die Testimonials und Kampagnenkonstrukteure der Vergangenheit.

133

Die größte Herausforderung jedoch ist die Bereitschaft, sich auf ein verbindliches erzählerisches Commitment einzulassen, anstatt von Trendwelle zu Trendwelle auf einzelne kreative Ideen aufzuspringen. Eine Branded Story ist ein Weg, kein Flight. Der Lohn ist eine höhere Beziehungsqualität zwischen Mensch und Marke. Brandship hat immer zwei Seiten.

Denn die besten Geschichten sind immer die, deren Teil wir sein wollen.

DIE ZUKUNFT GESTALTEN: AUS KULT WIRD KULTUR

Wenn unsere Nachfahren zu den Sternen blicken, vielleicht von einem felsigen Mond oder Kolonien, die im All schweben, werden sie dieser Zeit gedenken. Die Erde ist nur der Ausgangspunkt, und hier fängt alles an.[107]

Das Weltall, unsere Zukunft – ein Motiv so alt wie unsere Kultur. Auch wenn das Zitat klingen mag wie ein Auszug aus einer Science-Fiction-Story: Die kreativen Variationen auf dieses Thema hat dieser Tage keineswegs Matt Damon für sich abonniert. Tatsächlich sind andere auf ganz produktive Weise kreativ in höheren Sphären unterwegs. Nämlich die, die mit Vorliebe eine Hausnummer größer denken und sich von Machbarkeitsfragen nicht ausbremsen lassen: die Köpfe hinter den ganz großen Marken.

Gleich mehrere der schillerndsten Markenpersönlichkeiten des Planeten meinen es ganz ernst mit ihrer Mission, der Menschheit neue Lebensräume zu erschließen. Elon Musk hat mit SpaceX schon mit Gütern beladene Kapseln zur Internationalen Raumstation ISS und Satelliten ins All geschickt. Derzeit arbeitet er daran, den Sprung zur bemannten Raumfahrt zu schaffen. Richard Branson hat sich auch vom dramatischen Unfall seines Aushängeschilds SpaceShipOne nicht beirren lassen.[108]

Und dann ist da noch Jeff Bezos, dessen Raumfahrtunternehmen Blue Origin in seiner Kommunikation ganz unbescheiden auf die Zukunft der Zivilisation abhebt – zum Beispiel mit dem obigen Zitat aus einem PR-Video. Es trägt den vollmundigen Titel *Opening Space*. Den Weltraum erschließen – für uns alle.

Wir machen das nicht für Ruhm und Ehre, so die Botschaft; wir machen das für die Zukunft der Menschheit. Unsere Zukunft, da scheint Bezos sich ziemlich sicher zu sein, liegt im All. Deshalb gibt er sich nicht mehr damit zufrieden, die Erde mit den Technologien und Dienstleistungen der

Zukunft zu überziehen. Smart Homes werden morgen schließlich schon Gegenwart für alle sein. Wir von Amazon gestalten das Leben der Zukunft. Während Google strategisch auf bodenständig macht, ist Amazon-Gründer Bezos also ganz explizit mit dem Kopf über den Wolken. Die Frage liegt nahe: Wozu der Aufwand? Was um alles in der Welt und darüber hinaus treibt einige der erfolgreichsten Unternehmer auf dem Planeten in den Weltraum? Und warum sprechen Markenmenschen wie Jeff Bezos vernehmlich darüber, anstatt sich ihrem Luxushobby verschwiegen in ihrem hektargroßen Bastelkeller bei Seattle zu widmen, bis sie tatsächlich so weit sind, den Prime-Versand ins All auszudehnen? Visionen von großen Abenteuern gehen immerhin mit gigantischen PR-Risiken einher, wie das Beispiel von Virgin Galactic zeigt. Trotzdem ließ Bezos seine nur teilweise erfolgreichen bisherigen Testflüge von Anfang an von einem gigantischen Medienapparat live begleiten.

Signale aus neuen Welten erreichen uns nicht nur aus dem Weltraum. Überall, wo über die großen Gesellschaftsthemen gesprochen wird, begegnen wir nicht mehr nur den üblichen kulturellen Akteuren und Reflektoren wie Wissenschaftlern, Philosophen und Künstlern. An immer mehr Schnittpunkten der öffentlichen Debatten und der kritischen Auseinandersetzung über zivilisatorische Grundsatzfragen tummeln sich Marken. Marken, die mitreden wollen – und können.

Wo liegt der unternehmerische Reiz? Was haben die Entrepreneure davon? Was ist Sinn und Zweck solcher Maßnahmen in der Markenkommunikation?

DIE ZUKUNFT GESTALTEN: THE SKY IS THE LIMIT

Mit Visionen wie Blue Origin zementieren Marken wie Amazon einen Gestaltungsanspruch, der weit über das klassische Marktdenken hinausgeht. Das Spielfeld hierfür ist beileibe nicht auf unternehmerische Höhenflüge wie Weltraummissionen begrenzt. Viele ganz irdische Beispiele innovativer Ideen für eine lebenswerte Zukunft zeigen in die gleiche Richtung. Viele davon stammen aus dem Mittelstand oder sogar von kleinen Start-ups um die Ecke, deren Kreditwürdigkeit ein Dutzend Nullen unter der von Jeff Bezos liegt.

Im Gegensatz zu den Image bildenden Maßnahmen der Vergangenheit geht es bei diesen Strategien nicht darum, wer die längste Rakete hat. Sondern darum, sich als Marke auf neue Weise zu legitimieren. Es geht um nichts weniger als gesellschaftliche Relevanz.

Deshalb präsentieren sich immer mehr Marken, vom grünen Start-up über den Energieanbieter bis hin zum Raumfahrtpionier, als Vorreiter – und vor allem als Partner auf dem Weg ins Morgen. Und zwar auf Feldern, auf denen wir sie eigentlich nicht vermutet hätten. Marken entwickeln sich zunehmend von Marktteilnehmern zu gesellschaftlichen Akteuren.

Gewiss ist ein Aspekt dieser Überlegungen die Suche nach neuen Märkten, neuen Bedürfnissen, neuen Zielgruppen. Zum Teil ist der neue Gestaltungsdrang sicher auch der Notwendigkeit geschuldet, an gesättigten Märkten mit kaum unterscheidbaren Produkten überhaupt noch auf sich aufmerksam zu machen. Zum anderen steht dahinter allerdings auch eine unaufhaltsame politische Entwicklung: Der Staat kann in vielen Zukunftsfeldern, auch existenziell wichtigen, gegenüber starken Protagonisten aus der Wirtschaft längst nicht mehr mithalten. An High-Speed-Märkten erfolgreiche Unternehmen sind schneller und flexibler als ein Staatsapparat. Sie können besser auf Veränderungen reagieren und sind den zentralen Herausforderungen der Zukunft eher gewachsen: Energie, Umwelt, Infrastruktur, Mobilität, um nur einige zu nennen. Diejenigen, die sich diesen Themen verschreiben, folgen schlicht einem wachsenden gesellschaftlichen Bedarf. Davon haben wir alle etwas, denn wir brauchen ihr Engagement. Wir brauchen es, weil wir sonst stagnieren. Und zwar auf unzähligen gesellschaftlichen Handlungsfeldern, auf denen dringender Handlungsbedarf besteht.

Deshalb drängen Marken zunehmend ins Soziale, bis in die Verästelungen dessen hinein, was wir als Kultur im weitesten Sinne verstehen: die Gesamtheit der Erscheinungen menschlichen Zusammenlebens. Dazu gehört neben der Kunst mit ihrem kritischen Deutungsanspruch jede Form der Gemeinschaft, die sich einer Vision oder einer Botschaft verschrieben hat. Auch in den Bereichen der Forschung, die sich den großen existenziellen Zukunftsthemen widmen. Zur Kultur gehören auch Wissenschaft, Technologie, Gesellschaftswissenschaften, Bildung im Allgemeinen und alle Ausformungen sozialer Zweckgemeinschaften. Diejenigen, die sich der Gestaltung der Zukunft verschrieben haben – Forschung, Technologie, Thinktanks – genauso wie diejenigen, die diesen Prozess diskursiv und kritisch begleiten: Kunst, Medien, Diskussionsplattformen. Lauter Gebilde, die innerhalb ihres Wirkungsfelds auch nichts anderes sind als Marken an speziellen Märkten. An Märkten, die nun von neuen Marken erobert werden, die neue Spielfelder für sich entdecken.

Warum das für Marken wie Amazon, aber auch den Maschinenbauer aus Rheinhessen Sinn macht, ist leicht erklärt: Aus den Gemeinschaften der Zukunft erwachsen die Märkte der Zukunft. An denen genießen naturgemäß diejenigen das größte Vertrauen, die sich rechtzeitig als Vorreiter positioniert haben. Etwas beizutragen, etwas zu geben, ist nicht einfach nur generös. Es ist eine Investition in die Zukunft aller. Auch der eigenen Marke.

Kultur ist deshalb zunehmend Markensache. Und eine Marke, die den Menschen glaubhaft kommunizieren kann, dass sie um deren Zukunft bemüht ist, gewinnt exponentiell an Aufmerksamkeit – und zwar schon heute. Dass sich die Probleme der Zukunft nicht mit den Strategien von gestern lösen lassen, hat sich längst auch den kritischen Konsumenten erschlossen. Die Berührungsängste mit Marken an ungewohnten Touch Points in der Gesellschaft sinken. Die, die den Schuss gehört haben, stehen bereit – während andere noch darüber nachdenken, ob sie mal was mit Facebook machen sollten. Vom Bauern, der nachhaltige Landwirtschaft für regionale Abnehmer betreibt, über den Autobauer, der durch die Förderung von Filmfestspielen die kritische künstlerische Auseinandersetzung mit Gesellschaftsthemen vorantreibt bis hin zum Multikonzern, der Raumkapseln in den Himmel schießt, wo wir später vielleicht einmal wohnen werden: An keinem anderen Brandship-Faktor lässt sich die Zukunftsfähigkeit einer Marke so deutlich ablesen wie an dem der kulturellen, also gesellschaftlichen Relevanz.

Raumfahrt made by Amazon? Das klingt allemal logisch – wer, wenn nicht die?

139

MARKENKULTUR STATT MARKENKULT

Allen, die für die Kommunikation dieser neuen Relevanzkerne ihrer Marken Verantwortung tragen, bietet sich mit diesem Wandel in der gesellschaftlichen Verantwortung von Marken die nie dagewesene Chance, endlich authentische Maßnahmen auszurollen. Nach der breit gestreuten Verbitterung über den Turbokapitalismus liegt das größte Potenzial für das Image einer Marke darin, gezielt und proaktiv Verantwortung zu übernehmen. Diese Chance bringt allerdings auch die Herausforderung mit sich, auf die Sicherheit der alten Schienen zu verzichten. Im Weltall gibt es keine Gleise. Gesellschaftliche Relevanz statt Relevanz durch Nachfrage: Das heißt für die Markenkommunikation Vollbremsung und Neustart.

> Kult heißt immer: die Marke über alles. Kultur dagegen heißt: die Marke für alle.

Mit den herkömmlichen Strategien ist auf diesem Spielfeld kein Pokal mehr zu gewinnen. Die Hinwendung zur Kultur in all ihren Ausprägungen bedeutet die Abkehr vom Markenkult in all seinen Darstellungsformen. Kulte haben nämlich immer einen begrenzten Geltungsanspruch und einen eingeschränkten Wirkungskreis. Kult heißt immer: die Marke über alles. Kultur dagegen heißt: die Marke für alle. Das ist eine ganz neue Perspektive. Sie setzt voraus, dass die Marke sich neu zu arrangieren bereit ist. Also: Schluss mit der psychotischen Fixierung auf Kultprodukte. Was Marken heute brauchen, ist eine Mission.

Der Markenkult der Vergangenheit wurde vor allem von aufwendigen Inszenierungen getragen: Der neue Kleinwagen als Hauptdarsteller im Rampenlicht, nach allen Regeln der Kunst beleuchtet in Szene gesetzt, auf dass wir ihn anschmachten mögen. Eine Markenkultur, wie sie nun erforderlich ist, muss die Marke möglichst authentisch darstellen, um sie uns als gesellschaftlichen Akteur nahezubringen. Statt des Kleinwagens steht zum Beispiel das Mobilitätskonzept der Zukunft im Mittelpunkt, das sich einzig um die Bedürfnisse des mobilen Kunden dreht.

Eine eigenständige Markenkultur zu entwickeln und in den Kontext der Gesellschaftskultur zu stellen, ist deshalb kein zeitlich begrenztes Kreativ-Briefing für die Kampagne zur Markteinführung, sondern eine existenziell wichtige und nachhaltige Herausforderung für Marken.

Mit dem Paradigmenwechsel in der Positionierung geht eine Umdeutung des Kreativen einher. Kreativität ist nicht mehr auf den künstlerischen Output einzelner Maßnahmen begrenzt. Die neue Kreativität ist allumfassend. Wie in der Kunst hat sie nun eine kritische, reflektierende, kulturell produktive Komponente. Für uns Kreative heißt das: Alle gesellschaftlichen Handlungsfelder werden durch die kreative Brille betrachtet. Das Engagement von Marken auf diesen Feldern muss glaubwürdig sein und zur Marke passen.

Mit den alten Branding Shows, die sich im Sozialen noch immer großer Beliebtheit erfreuen, ist das nicht mehr zu leisten. Das Logo auf die nächste Kampagne einer Hilfsorganisation gepappt, Pressemitteilung raus und gut ist? So läuft das nicht mehr. Marken müssen von Sponsoren zu Ermöglichern werden. Zu Akteuren, die wirklich etwas bewegen wollen: gestalten statt dekorieren. Raumfahrt-Programm statt »Space-Wochen« in der Angebotsbroschüre.

Warum gibt es eigentlich noch keinen deutschen Reiseveranstalter mit Raumfahrt-Initiative? Dann würde es endlich mal nicht nur darum gehen, die nächste Sommerreise zu vermarkten. Sondern darum, uns alle mit auf eine faszinierende Reise zu nehmen: die Reise eines Unternehmens, das sich selbst endlich auf die Reise begibt, den größten Reisetraum der Menschheit wahr werden zu lassen. Diesem Unternehmen würden wir alle gern freiwillig in den Medien zuschauen. Sogar im Doku-Kanal.

Das ist der Grund, warum manche »Kampagnen« neuerdings daherkommen, als hätte Markenkommunikation plötzlich einen Anspruch auf Nachrichtenwert. Genauso ist es nämlich. Wenn Marken zu gesellschaftlichen Akteuren werden, dann dürfen sie sich auch als solche outen. Und stehen plötzlich im Rampenlicht, ohne zu nerven. Red Bull mit Servus TV, Tesla mit seinem Mobilitätskonzept, Amazon mit seinem Raumfahrtprogramm haben den Schuss gehört, und täglich werden es mehr.

Die meisten Marken dagegen scheuen sich immer noch davor, Verantwortung zu übernehmen und ihren Unternehmergeist in Missionen auszuleben, die sie zu Zukunftsgestaltern heranwachsen lassen könnten. Zeit für den wake-up call: Wer keine Botschaft hat, findet auch keine Follower. Auf zu neuen Ufern – the sky is not the limit.

Na großartig: Werden wir jetzt von einer Welle politisch korrekter Markenkommunikation überschwemmt? Lauter Sendungsbewusste im Werbeblock, die von den alten gesellschaftlichen Instanzen nicht mehr zu unterscheiden sind? Ist die Trennung von redaktionellen und werbenden Inhalten endgültig passé? Müssen wir auf die schönen bunten Bilder und den Verweis auf Produkte verzichten, die uns das Wasser im Munde zusammenlaufen lassen?

Keine Sorge: Verkleiden müssen und dürfen wir uns nicht. Den Anspruch auf gesellschaftliche Relevanz nehmen die Vorreiter unter den Marken verdammt ernst. Doch ihre Power in der Wahrnehmung beziehen sie gerade daraus, dass sie den neuen Auftrag nicht staatsmännisch vor sich hertragen wie die alten Akteure, sondern ihre Botschaften spielerisch kommunizieren.

Klar, dass mit der neuen gesellschaftlichen Positionierung von Marken auch neue Formen der Kommunikation einhergehen. »Das neue Tablet, jetzt auch in Space-Blau« – so lässt sich kein Staat machen, wenn eine Marke zu neuen Ufern aufbricht. Um gesellschaftliche Relevanz zu kommunizieren, muss man sich relevant äußern. Es reicht nicht, über Zukunftsfelder zu sprechen. Als Marke muss ich meinen Gestaltungsanspruch glaubwürdig demonstrieren.

Idealerweise schießt man zu diesem Zweck eine Rakete ins All. Nur ist diese Variante für die wenigsten Marken praktikabel. Was also tun? Und was lieber nicht mehr?

CORPORATE SOCIAL RESPONSIBILITY:
KOSTENNEUTRAL – ERGEBNISNEUTRAL

Was soll das Gedöns, höre ich manchen Aufsichtsrat an dieser Stelle aus-
rufen: Wir machen doch längst CSR.

Klar, macht Ihr. Die Frage ist nur: Was macht die CSR mit Euch? Was
bringt Sie Euren Marken?

Unterm Strich: nicht viel, wie eine aktuelle Studie aus Zürich erstmals
belegt.[109] Dass CSR-Maßnahmen jahrelang hochgejubelt wurden, ist vielmehr Ausdruck des Wunschs vieler Unternehmen, ein wirksames, risikoar-
mes und ethisch akzeptables Mittel des gesellschaftlichen Engagements zur
Verfügung zu haben, das sich tatsächlich auch in messbaren Erfolgen nie-
derschlägt. Mit CSR, glaubten viele Verantwortungsträger, könnten sie drei
Fliegen mit einer Klappe schlagen: Das Image der Marke heben, messbar
etwas für den Unternehmenserfolg tun und dabei auch noch einen gesellschaftlichen Beitrag leisten. Studien haben die Wirksamkeit des Allheilmit-
tels viele Jahre lang gestützt: Macht CSR! CSR ist der neue Erfolgsfaktor!
CSR ist umsatzrelevant!

Doch nun spuckt Katja Rost dem guten Image von CSR und damit auch
den Hoffnungen der Unternehmen in die Suppe: Die Professorin für Sozio-
logie an der Universität Zürich hat belegt, »dass der positive Zusammenhang zwischen CSR und finanziellem Unternehmenserfolg auf die einseitige
Veröffentlichung positiver Resultate bzw. auf Publikationsfehler zurückzuführen ist.«[110]

Für ihre Meta-Analyse hat Rost mit ihren Forscherkollegen 162 empiri-
sche CSR-Studien ausgewertet, die von 1975 bis heute erschienen sind. An-
hand von 2.600 Parametern untersuchten die Forschenden den Effekt von
CSR auf den Unternehmenserfolg. Das ernüchternde Ergebnis: Die finanzielle Performance der Unternehmen verbesserte sich durch CSR-Maßnahmen
nicht. Damit widerlegt die Studie die Mehrheit der CSR-Forscher, die davon
überzeugt ist, dass CSR zu messbaren Erfolgssteigerungen führt. Deren geistige Grundhaltung habe laut Rost dazu geführt, dass Untersuchungsergeb-
nisse selektiv veröffentlicht wurden – nämlich zugunsten positiver Unter-
suchungsergebnisse.

143

Das wohltätige Unternehmen, eine geplatzte PR-Blase? Rost findet deutliche Worte:

»Der Effekt ist nur ein scheinbarer – er beruht nicht auf tatsächlich nachweisbaren Wirkungen, sondern auf der einseitigen Veröffentlichungspraxis. Positivbefunde wurden jeweils veröffentlicht, negative Befunde hingegen nicht.«[111]

Wird dieser Fehler korrigiert und auch die Studien mit Negativbefunden in die Gesamtschau einbezogen, wie die Zürcher Forscher es getan haben, sei kein Zusammenhang mehr nachweisbar.

Der Herdentrieb der Forschung zeige sich darin, dass seit Mitte der 1990er Jahre besonders viele Unternehmen auf den Zug der guten Taten aufsprangen – da wurde CSR zum Modethema. Forscher konnten von der Popularität des Gebiets profitieren und lieferten den Unternehmen fleißig die theoretischen Grundlagen für den neuen Trend in der Wirtschaft.

Die Öffentlichkeit, insbesondere die Verantwortlichen in den Unternehmen, wurden also sukzessive über den tatsächlichen Wirkungsgrad von CSR fehlinformiert. Geschadet hat ihnen das nicht: »Soziales Engagement beeinflusst die Unternehmensperformance zwar nicht positiv – aber auch nicht negativ«, so Rost.[112] Doch als erfolgssteigernde Maßnahme in der neuen Markenwelt kann CSR fortan nicht mehr betrachtet werden: »Im Endeffekt ist die Wirkung neutral.«[113] CSR mag zwar einen gewissen Imagegewinn und damit auch Umsatzsteigerungen zeigen, doch die Maßnahmen kosten auch. Im Großen und Ganzen nämlich etwa genauso viel, wie sie bringen.

Es scheint so, als ob wir es einsehen müssten: CSR ist nicht die Lösung für die Bedürfnisse an eine neue Unternehmenskommunikation. Das Konzept ist zwar nicht gescheitert, es hat allerdings auch keinen Durchbruch gebracht. CSR ist damit nichts Schlechtes – Wohltätigkeit ist letztlich eine Säule des Sozialstaats, der angesichts sinkender staatlicher Möglichkeiten zunehmend auf die Wirtschaft bauen muss. Nur sollte der Effekt auf die Wahrnehmung der Marke realistisch eingeschätzt werden. Lange Zeit glaubten viele Unternehmen, mit CSR die Lösung für die wachsenden Ansprüche der Konsumenten an soziale Verträglichkeit und Nachhaltigkeit erfüllen zu können. Für diese Mammutaufgabe der Markenkommunikation ist CSR als Königsweg nicht ausreichend.

Der Grund liegt auf der Hand: Wenn ein Chemie-Konzern die Welthungerhilfe finanziell unterstützt und ein paar hübsche Fotos von einer Charity-Gala veröffentlicht, fragt der Konsument sich heute eher, was diese Gala wohl gekostet haben mag. CSR ist begrenzt wirksam, weil nicht authentisch. Die Marke zahlt, die Marke sorgt kurzzeitig für Wahrnehmung, aber sie bringt sich nicht nachhaltig und konstruktiv mit ihren echten Stärken ein. CSR riecht immer nach Alibi, solange sie wirkt wie ein Hobby. Kultisch inszenierte Scheckübergaben sind ein Schlag ins Gesicht für jeden kritischen Konsumenten. Jeder Hinz und Kunz weiß heute, das milde Gaben steuerlich absetzbar sind.

Engagement geht anders. Unternehmerischer, nachhaltiger und effektiver. Indem das Engagement als zentrale Mission des Unternehmens im Markenkern verankert wird – mit existenzieller Bewandtnis. Dann nämlich ist das Engagement kein Alibi mehr, sondern wird Teil der Unternehmensstory. Teil jener Story, aus der alle Kommunikationsmaßnahmen schöpfen. Und plötzlich herrscht Transparenz: Sobald die Menschen erkennen, dass ihre Interessen auch die Markeninteressen sind, wirkt das Engagement in der Kommunikation auch glaubwürdig. Weil es zur Marke passt und die Markenkultur in einen größeren Zusammenhang setzt.

Inzwischen gibt es zahlreiche Unternehmen, die das erkannt haben und ihr Engagement auf Maßnahmen ausgedehnt haben, die ganz offen ihren eigenen Interessen dienen. Und die wir deshalb ganz offen gut finden und in den sozialen Netzwerken teilen dürfen – weil wir uns damit nicht mehr verdächtig machen, ein bisschen naiv zu sein.

EIN SPIELFELD FINDEN:
RELEVANT IST, WAS AUTHENTISCH IST

145

Der Beitrag über die Berlinale-Eröffnung 2015 im Audi-Firmenblog liest sich fast wie jeder andere redaktionelle Text über das Filmfestival. Abgesehen vom Verweis im Teaser, dass Audi Hauptpartner der Veranstaltung ist, muss man drei Absätze in den Text hineinlesen, bevor es überhaupt mal um die Marke geht. Was wir dann zu lesen bekommen, ist so gar nicht das, was wir von einem klassischen Sponsor erwarten würden.

Das Engagement der Marke für die Filmkunst geht weitaus tiefer. Die Bayern machen überdeutlich, dass es eine wertbasierte Verquickung dieses kulturellen Großereignisses mit den Markeninteressen gibt, die nicht herbeikonstruiert wurde. »In vielen Filmen kommt Autos eine tragende Rolle zu: Sie sind häufig Teil der Zukunftsvisionen der Regisseure«, wird Audi-Marketingvorstand Luca de Meo zitiert. »Dabei sehen wir, dass sich filmische Vorstellungskraft und der Innovationsgeist unserer Ingenieure näher sind, als es auf den ersten Blick wirken mag. Dieser Schnittmenge wollen wir uns auf der diesjährigen Berlinale widmen.«[114]

Zu diesem Zweck ist das Festival durchaus erkennbar gebrandet – nur nicht im Sinne allgegenwärtiger Audi-Logos. Sondern im Sinne des Contents. In Diskussionsformaten wird über »Designprozesse beim Film und Auto« diskutiert, beim »Berlinale Open House« spricht der Leiter Markenkommunikation von Audi mit Filmschaffenden über »Das Auto im Film – Requisite und Inszenierung«. Audi vergibt auch einen Short Film Award auf der Berlinale.

Und ja, Audi stellt auch die Fahrzeugflotte des Festivals. Doch der Fokus des Engagements liegt ganz klar auf dem Content eines Filmfestivals – nicht auf der Marke und der maximalen Inszenierung ihrer Produkte. Es geht tatsächlich um: Film. Ums Auto nicht in erster Linie, sondern insoweit, als sich Schnittpunkte im Content ergeben: Design, Requisite, filmische Zukunftsvisionen. Nicht die Produkte stehen im Zentrum des Interesses, sondern die gemeinsame Botschaft. Genau da liegen auch die Interessen des Publikums. Die Zuschauer sind für Filme gekommen, für großes Gegenwartskino, für gesellschaftliche Reflexion. Nicht um Logowände zu fotografieren.

Der Name der groß angelegten Engagement-Plattform: »Audi Art Experience«. Die Marke setzt sich mit dem Programm »verstärkt für den kulturellen Austausch und die Förderung innovativer Projekte« ein.[115] Neben der Berlinale unterstützen die Autobauer im Bereich Film auch das Kurzfilmfestival »20 min/max« und die Berliner Bildungsinitiative »Kinder machen Kurzfilm«. Auch mit anderen Kulturinstitutionen wie den Salz-

burger und Bayreuther Festspielen, Musikeinrichtungen und der Bildenden Kunst sucht das Unternehmen nach eigener Aussage den »Dialog«.[116]

Die Anknüpfungspunkte zwischen den Welten Film und Auto sind
offensichtlich: Innovation und Glamour stehen einer Automarke gut zu
Gesicht. Spannend ist an der groß angelegten Filmkunst-Initiative die ge-
wissenhafte Beschäftigung der Marke mit dem Thema Film.

Noch vor wenigen Jahren hätte ein »Hauptpartner« eher »Hauptspon-
sor« geheißen. Das Engagement hätte aus finanzieller Unterstützung im
Gegenzug für maximale Logopräsenz bestanden. Heute dagegen nimmt die
Marke aktiv an der Botschaft der Veranstaltung teil, gestaltet eigene For-
mate, diskutiert mit Kunstschaffenden über ihre Arbeit und ihre Visionen.

Auf einem Filmfestival geht es um künstlerische Beiträge, die den Zu-
stand der Gesellschaft und Visionen einer Welt der Zukunft kritisch thematisieren und hinterfragen. Das ist nicht eben das bequemste Betätigungsfeld
für eine eigentlich fachfremde Marke. Ein Engagement dieser Intensität ist
nicht nur aufwendig, es verlangt der Marke auch gute Legitimationsargu-
mente ab.

Audi hat sich dieses Spielfeld dennoch ausgesucht, um zu zeigen: Was
hier gezeigt und diskutiert wird, ist auch für uns interessant. Welche gesellschaftlichen Trends Filmemacher aufgreifen und beleuchten, ist ein Thema
auch für unsere Entwicklungsabteilung. Wo Visionen für die Zukunft diskutiert werden, sind wir mit von der Partie. Wir nehmen als Marke an der
Lebensgestaltung teil und sind am Puls der Menschen, die kulturell feder-
führend sind. Und vor allem: Wir wollen nicht nur für die schicke Fahrzeugflotte, sondern für das Engagement für diesen Sektor wahrgenommen
werden. Für die Inhalte. Für unseren Beitrag zur Kultur.

Natürlich macht es sich auch bei dieser Form des Engagements gut,
wenn die Stars des Festivals aus einem Audi steigen und dabei abgelichtet
werden. Doch gemessen an den kultischen Logo-Inszenierungen früherer
Sponsoring-Standardfälle ist der Paradigmenwechsel an diesem Beispiel
deutlich ablesbar: an der konzeptionellen Hinwendung zur Kultur und an
der Abkehr vom Alibi-Engagement. Gerade weil die Schnittmenge erklä-
rungsbedürftig ist. Gerade weil Audi sich freiwillig in die Position begibt,
sich an glaubwürdigem Content messen zu lassen. Vor allem aber, weil

147

Innovation und gesellschaftliche Handlungsfelder wie Mobilität, Ökologie und Lebensgestaltung für eine Automarke und deren Fans tatsächlich genauso relevant sind wie für den Film. Das macht das Engagement authentisch – und Audi als Partner eben nicht austauschbar.

Im Detail weniger konsequent und innovativ, doch grundsätzlich ganz ähnlich orientiert, ist auch das Engagement des Bierbrauers Erdinger für den Berlin-Marathon und andere sportliche Großereignisse. Geradezu irritierend wirkt hier die Tatsache, dass in den Webclips die Bierflasche, das Trikot oder das Werbebanner immer wieder im Spotlight stehen. Eigentlich ist die Herangehensweise ans Thema sehr modern: Das alkoholfreie Weißbier steht für gesunden Genuss – die Kombination von Wellness und Lifestyle, Aktivität und Lebensfreude. Gesundheitsbewusste Freizeitsportler würden ihre Lebenseinstellung wohl genauso beschreiben. Deshalb ist das Engagement stimmig und ein wohltuender Stilbruch innerhalb der normalerweise rein genuss- und statusorientierten Welt der Bierwerbung.

Ähnlich wie Audi setzt auch Erdinger bei seinem Content auf Berichterstattung aus einer Interessensphäre, nicht Inszenierung der Marke: Die Website von Erdinger Alkoholfrei enthält mehr Dokumentarisches über Sportveranstaltungen als Werbung. Außerdem steht der Produktseite für das alkoholfreie Bier noch eine Ratgeberseite mit Tipps für adäquate Sporternährung zur Seite. Die übrigen Unterseiten: Sportevents, Infos über die Disziplinen und Sportlerporträts der »Markenbotschafter« wie Magdalena Neuner und Simon Schempp. Der Sport, die Gesundheit und der Eventcharakter stehen hier ganz klar im Vordergrund – und zwar als gesellschaftliche Ereignisse mit Breitenwirkung. Das Motto: Bewusst leben und genießen. Gesundheit statt Saufen. Ein stimmiges, angenehm unaufdringliches partnerschaftliches Konzept, abgestimmt auf das gesellschaftliche Handlungsfeld Gesundheit/Sport/Ernährung – wäre da nicht die penetrante Dauerpräsenz des Logos auf jedem Bild und in jeder Filmsequenz.

Auch das eMag von Hugo Boss ist so kulturlastig, dass der Gedanke an eine Modemarke kaum aufkommen würde, wäre es nicht Bestandteil der Markenwebsite. Das Modeimperium setzt insbesondere in seinen Hauptmärkten USA und Asien auf das Gesellschaftsthema Kulturvermittlung. Der Hugo Boss Asia Art Award fördert explizit das Zusammenwachsen der westlichen und östlichen Kultursphären mithilfe des Mediums Kunst.[117] Zahlreiche Ausstellungen rund um den Globus fallen dabei eher unter die Kategorie »Kultursponsoring«. In der Kommunikation seines Engagements geht die Marke jedoch einen konsequenten Weg mit redaktionell anmutenden Inhalten: Das eMag enthält News aus den Engagement-Bereichen Sport, Fashion, Kunst und Design und stellt das Branding dabei in den Hintergrund.[118] Lewis Hamilton und David Coulthard betätigen sich als London-Guides und damit als Insider, nicht als klassische Markengesichter. Ein Rennfahrer, der für ein Markenmagazin die Köchin seines Lieblingsrestaurants interviewt – das ist konsequentere Kulturvermittlung, als manches Kulturmagazin im Fernsehen sie heute leistet.

Und tatsächlich ist der Imagegewinn, den das gesellschaftliche Engagement auf den unterschiedlichsten Handlungsfeldern bietet, messbar. Am Heimatmarkt in Deutschland ragt die Marke Boss kaum noch heraus. In den USA und Teilen Asiens dagegen wird sie als absolutes Premium-Label wahrgenommen – dort, wo die Schwerpunkte des kulturellen Engagements liegen. Dort, wo Boss mit State-of-the-Art Design und unzähligen Top-Events assoziiert wird.

Das haben diese und alle anderen Beispiele, die Markenkommunikation als Kulturvermittlung verstehen, gemeinsam: Sie besetzen ein assoziatives Feld, das den Markenkern um eine gesellschaftlich relevante Komponente bereichert.

DAS ENGAGEMENT NUTZEN: GUTES TUN UND DARÜBER REDEN

Natürlich ist das immer ein Wagnis. Der Aufbau einer assoziativ funktionierenden Markenkultur ist mit Risiken verbunden. Es ist ein Weg, auf dem man auch einmal scheitern kann. Raumkapseln können abstürzen, Kunstevents können floppen, Sportveranstaltungen können von Skandalen überschattet werden. Außerdem ist die Einlassung auf eigentlich markenfremde, gesellschaftliche Botschaften bis hin zur Expertise in einem kulturellen Handlungsfeld mit einem enormen Aufwand verbunden. Es ist ein Weg, den Marken nachhaltig und fehlertolerant gehen müssen. Dass immer mehr Marken sich trotzdem auf diese Reise machen, ist ein deutliches Zeichen dafür, wie hoch das Potenzial einer eigenständigen Markenkultur in den Unternehmen eingeschätzt wird.

Neben der nachhaltigen Wahrnehmung einer Marke, die gesellschaftliche Verantwortung übernimmt, ist auch das Bedürfnis nach sozialverträglicher Wirtschaft ein Motor dieser Entwicklung. Früher wurde ein irgendwie politisch geartetes Engagement von Unternehmen eher mit Skepsis beäugt – weil es letztlich doch meist eine Branding Show ohne wirkliche Mission war.

Nennen wir das Kind beim Namen: Die Markenkommunikation hat die Menschen zu lange verarscht. Inzwischen verlangen die Konsumenten, aber auch potenzielle Partner und Angestellte, regelrecht nach sinnstiftendem Engagement. Skeptisch werden sie heute eher, wenn Marken sich eben nicht engagieren. Irgendwann wird der Punkt erreicht sein, wenn Marken regelrecht Misstrauen erwecken, wenn sie nicht nach links und rechts schauen.

Auch wenn es angesichts mancher der oben diskutierten Beispiele nicht danach aussieht: Leider haben insbesondere die großen Konzerne hier noch starken Nachholbedarf. Wo ist die Großbank, die sich für ein angenehmes Leben ihrer Kunden engagiert? Die ihnen zum Beispiel aus Eigeninitiative ins Eigenheim hilft? Das kann sich in Großstädten wie Berlin oder München kaum noch jemand leisten, weil Normalverdiener kaum noch einen Kredit bekommen. Wo ist der Pharmakonzern, der sich für den Schutz und die nachhaltige Bewirtschaftung der Ökosysteme einsetzt, aus denen er seine Wirkstoffe bezieht – und zwar glaubhaft, vernehmlich und vor Ort? Wo ist die Aktiengesellschaft, die sich anschickt, uns die Mechanismen des Wertpapierhandels zu erklären?

Das gesellschaftliche Handlungsfeld, das eine Marke sich aussucht, ist immer ein Symbol, wofür die Marke in ihrer Außenwahrnehmung stehen will. Ohne den Anspruch, die Welt mit den eigenen Möglichkeiten authentisch verändern zu wollen, werden Kommunikationsmaßnahmen in Zukunft als zahnlos und sinnlos wahrgenommen – und die Marke als verantwortungsloses Heißluftgebläse, das wir schleunigst aus unserem Newsfeed verbannen.

Der entscheidende Vorteil daran, sich für kulturelle Belange einzusetzen, ist ihre News Credibility: Wenn Marken sich in einen Zukunftsdialog einklinken, dann dürfen sie nicht nur darüber reden – sie sollen es sogar. Wir wollen es hören. Ganz im Gegensatz zur Alibi-Charity kommt authentisches Engagement mit Unterhaltungswert sehr gut an, wenn es den Versuchungen kultischer Inszenierungen widersteht.

DIE MARKE KULTURELL ANREICHERN: TIPPS FÜR DIE ABKEHR VOM MARKENKULT

Das Engagement löst einer Marke im Idealfall alle Content-Probleme: Indem ich in einen Dialog mit gesellschaftlichen Akteuren trete, habe ich auch gleich eine Story für die Kommunikation. Eine, die davon erzählt, was die Marke wirklich im Innersten antreibt – nicht von den Produkten. Das ist genau die Art von Content, die wir brauchen, um unseren Brandship-Faktor zu stärken.

Die Abkehr vom Markenkult ist der gravierendste und wichtigste Schritt auf dem Weg in die neue Markenwelt. Zugleich stellt er die Weichen für alle weiteren Handlungsoptionen in der Kommunikation: Wer auf ein kulturelles Betätigungsfeld zurückgreifen

> Die Abkehr vom Markenkult ist der gravierendste und wichtigste Schritt auf dem Weg in die neue Markenwelt.

kann, hat eine Story, hat den Content, hat den Anlass für eine Plattform, hat eine Ansprechhaltung für die erweiterte Zielgruppe, hat interessante Partner.

Die Entscheidung, welches Handlungsfeld zur Marke passt, ist dabei eine Frage der Authentizität: Das assoziative Feld erwächst aus den Werten, denen das Unternehmen folgt und der Botschaft, für die es steht. Nicht imageträchtige Trends des Engagements bestimmen die Auswahl des Spielfelds, sondern die Schnittmenge auf der Content-Ebene.

Um den gesellschaftlichen Gestaltungsanspruch zu kommunizieren, gibt es unabhängig vom Betätigungsfeld einige Leitplanken, an denen sich jede Marke orientieren kann.

BRANDSHIP-FAKTOR KULTUR

MIT KULTURELLEM ENGAGEMENT SCHAFFEN MARKEN DIE GEISTIGE GRUNDLAGE FÜR GLAUBWÜRDIGE UND RELEVANTE KOMMUNIKATION.

_____ KOMMUNIZIEREN SIE, WOFÜR IHRE MARKE STEHT:

· *Schluss mit dem Markenkult!* Hören Sie auf, ausschließlich um Ihre Marke, Ihre Produkte, Ihr Logo zu kreisen. Mit kultischen Inszenierungen machen Sie sich schleichend unglaubwürdig. CSR ist besser als gar kein Engagement, aber es reicht nicht aus.

· *Werden Sie zum Enabler!* Finden Sie ein geeignetes Betätigungsfeld, das zu den Kernwerten Ihrer Marke passt. Sie wollen als gesellschaftlicher Akteur mit Gestaltungsanspruch wahrgenommen werden – und müssen sich als geeigneter Partner beweisen.

· *Managen Sie die Botschaft, nicht das Produkt!* Stellen Sie eine relevante Message in den Mittelpunkt der Kommunikation. Betrachten Sie Ihre Marke als Mittler, der über ein Anliegen spricht – als verbindendes Glied zwischen Themenfeld und den Menschen.

Das Ziel solcher Kommunikationsmaßnahmen ist letztlich dem der Kulturvermittlung sehr ähnlich: Die Marke ermöglicht uns den Zutritt zum Thema und die Teilhabe an seiner Gestaltung – und geht mit gutem Beispiel voran.

Marken schaffen sich mit dieser Vorgehensweise nicht nur einen Ruf als Vorreiter, an dem die derzeit erfolgreichsten Marken allesamt eifrig basteln. Je größer und erfolgreicher das Unternehmen, je spezieller und intransparenter das Produkt, desto wichtiger ist ein gesellschaftlich relevantes Abgrenzungsmerkmal auch gegen den Generalverdacht des Turbokapitalismus.

Marken können und dürfen endlich glaubwürdig Verantwortung übernehmen – insbesondere bei Aufgaben, die von anderen Akteuren nicht mehr ausgefüllt werden. Dieser Gestaltungsanspruch wird zunehmend erwartet und entscheidet über die Wahrnehmung von Marken.

Angesichts der Verbitterung über ein krankes Wirtschaftssystem, das sich von den Bedürfnissen der Menschen entkoppelt hat, können Marken schon mit kleinen Schritten in die Gegenrichtung auf sich aufmerksam machen. Der Mittelstand, der traditionell einer menschlichen Perspektive verpflichtet ist, hat es bei diesem Trend leichter als die großen Konzerne. Die Social Start-ups tragen die Idee schon im Namen. Ihnen ist die gemeinschaftliche Denkweise vertraut – genauso wie die jeweilige regionale Kulturlandschaft und Bedürfnispyramide.

Wer aus all dem die Forderung herausliest, zum Selbstverständnis des ehrbaren Kaufmanns zurückzukehren, liest sicher nicht falsch. Als Siemens als Industriepionier die Renten einführte, saßen in den Unternehmen noch Entscheider, die das Wohl der Gesellschaft im Blick hatten, auf der ihr Erfolg beruhte. Heute gilt es neben den Menschen auch die Shareholder abzuholen. Auch sie müssen umdenken. Ein Argument kann ihnen dabei helfen: Das Bedürfnis nach verantwortungsbewussten Unternehmen ist da. Und es wird zusehends zum ausschlaggebenden Kriterium, wenn Menschen sich für eine Marke entscheiden.

Der lebende Beweis sind Top-Marken, die sich auch ohne Not auf ihre Verantwortung besinnen und über ihren Tellerrand hinausblicken – mit Auswirkungen bis in den Markenkern hinein. Autobauer, die Filmförderung betreiben. Biermarken, die sich ausgerechnet der sportlichen Ertüchtigung annehmen. Versandhändler, die den Menschheitstraum Weltraum verwirklichen wollen.

Wer diesen geistigen Wandel vom Kult zur Kultur bewältigt, schafft die Grundlage für alle anderen Brandship-Faktor-Maßnahmen. Die Kultur ist der Brunnen, aus dem wir bei der Markenkommunikation künftig schöpfen. Sie ist das Bindeglied zwischen Marken und Menschen: die Initialzündung für den Brandship-Faktor.

153

DER BLICK HINTER DIE KULISSEN: MAKING-OF MARKE

»Hallo! Ich bin Schauspieler. Mir wurden 8.000 Dollar dafür bezahlt, Ihnen zu erzählen, wie großartig Nordnet im Vergleich zu anderen Banken ist. Mich haben sie ausgewählt, weil ich besser aussehe als deren echter CEO. Und weil ich im Anzug erfolgreich wirke.«

Was ist das denn? Ein Zitat aus einem Enthüllungsinterview? Eine dieser Werbe-Satiren aus einer TV-Show? Ein Ausschnitt aus dem Trailer zum zweiten Teil von *The Wolf of Wall Street*?

Nichts von alldem. Tatsächlich ist das Werbung. Der echte TV-Spot einer skandinavischen Bank, die es mit dieser augenzwinkernden Botschaft durchaus ernst meint. Dahinter steckt ein Kommunikationskonzept unter der Überschrift »Transparent Banking«.

Der klischeetreu leicht überlackierte Hauptdarsteller im grauen Anzug mit goldener Krawatte spult professionell entspannt das Körpersprache-Einmaleins der Erfolgreichen ab, während er fortfährt:

»Ich laufe eilig durch einen Büroflur, während ich vom Teleprompter über der Kamera ablese. Da steht, dass Nordnet niedrigere Gebühren und eine bessere Plattform hat, und dass sie weniger von ihren eigenen Produkten pushen. [...] Jetzt laufe ich durch dieses moderne Büro, wo ich einen Kaffee trinke mit einem anderen Schauspieler, dem ich nie zuvor begegnet bin. Wir schütteln uns die Hände und lachen. Scheinbar laufen die Geschäfte gut.«

Im Hintergrund: weiße Wände, weiße Schreibtische und Menschen mit weißen Zähnen in himmelblauen Hemden, die in ihre Bildschirme lächeln. Alles stimmungsvoll überbelichtet. Zum Abschluss das Fake-Lachen zweier Banker-Klone in die Kamera. Cut.

Noch vor Kurzem hätten wir diesen Spot vermutlich als witzige Kampagnen-Idee bezeichnet, möglicherweise auch als interessanten Tabubruch: Die trauen sich was!

Zum Zeitpunkt seiner Erstausstrahlung im November 2014 ist der Nordnet-Clip mehr als eine bemüht originelle Ausnahme von der Regel. Im Netz wurde er innerhalb kürzester Zeit ein Renner. Diese Karikatur konventioneller Bankenwerbung setzt ein Ausrufezeichen über den Status quo der Werbung. Denen, in deren Köpfen an dieser Stelle noch ein Fragezeichen prangt, eröffnet sie ein Wurmloch in die Zukunft.

Und doch bleibt der Spot ein Teaser, ein frühes Sinnbild für das, was geht und was kommt: die Öffnung der Marke hin zum Kunden. Das Ende der Inszenierungen, der Anfang der Transparenz. Der Blick hinter die Kulissen ist Teil der umfassenden Einbeziehung des Kunden in die Markenwelt.

Andere sind schon weiter, und alle müssen noch viel weiter, um die neuen Kunden bei ihrem Wunsch nach Transparenz und Einbeziehung abzuholen. Das einzelne Umsetzungskonzept markiert nur eine besonders plakative und schon deshalb vorläufige Ausformung dieses Trends, der gerade den gesamten Kommunikationsmarkt auf links krempelt.

Und nicht nur den. Geboren aus dem Ruf nach Transparenz dringt dieser Trend unter die Oberfläche des Drehbuchs und tief in das Skript jeder Marke ein. Und wir alle sind live dabei. Nicht aus Versehen, sondern mit Einladung – bring a friend!

Kein jovial inszenierter Blick durchs Schlüsselloch ist das, sondern ein Offenbarungseid: *Making-of Marke.*

WARUM SO FREIZÜGIG?

Es ist noch nicht lange her, da hätte ein Banker den Creative Director seiner Werbeagentur ausgelacht, wenn der gesagt hätte: Ihr müsst euch öffnen und den Kunden die Wahrheit sagen. Jetzt sehen wir einen solchen TV-Spot, der die Öffnung zwar erst einmal nur mit einem »Making-of Werbespot« suggeriert – doch für eine Bank ist schon das ein großer Schritt.

Was ist da bloß passiert? Kurz gefasst: das Internet. Doch das ist letztlich nur Erfüllungsgehilfe für einen viel tiefer gehenden Trend. Inspiriert und ausgelöst von den Möglichkeiten der Social-Media-Kanäle sehen sich Unternehmen und Kommunikationsprofis mit ganz neuen Kommunikationsbedürfnissen und -Gewohnheiten seitens der Kunden konfrontiert.

Markenkommunikation ist plötzlich keine einseitige Veranstaltung mehr, wie es Werbung im herkömmlichen Sinne war. Werbend zu kommunizieren hieß damals – überspitzt formuliert – eine irgendwie originelle Botschaft mit hohem Wiedererkennungswert in den Wald zu rufen. Zum Beispiel in Form eines schicken, durchinszenierten Clips mit einem prominenten Testimonial-Geber, der die Welt so malte, wie die Konsumenten sie vielleicht gern gehabt hätten. Dieses Bild zu ermitteln, zu skizzieren und auszumalen, war der Job der Werbefachleute. Der geniale Creative Director, der mit wehendem Schal beim Kunden reinschneite, eine 80-Folien-Präsentation hinlegte, als ginge es um die Inszenierung seiner Person, und dann unter tosendem Applaus einen Multi-Millionenetat hinterhergeworfen bekam, ist das Sinnbild dieser Ära der Werbeindustrie.

Aus dem Wald heraus rief es dann in Form von Absatzzahlen. Entweder die Strategie griff, oder sie griff nicht. »Awareness« war das große Zauberwort: Präsenz zeigen, auf dass der Claim, das konstruierte Image oder wenigstens der Promi im Gedächtnis hängen bleibe und mit der Marke assoziiert werde. Die Marke kennen – die Marke kaufen.

Oft reichte das. Schon jetzt reicht es oft nicht mehr. In Zukunft noch weniger. Die guten Geister, die das Internet gerufen hat, werden nicht wieder von uns weichen: Online sitzen wir mit dem Kunden in einem Boot. Lauter gleichberechtigte Kommunikationskanäle, auf denen alle gleich schnell paddeln müssen – egal, wie schwer der Kahn ist, den es zu bewegen gilt.

Hinzu kommt: Den Anspruch, der ihm online erfüllt wird, lässt derselbe Kunde sich offline nicht wieder abgewöhnen.

Deshalb ist der Mann mit dem Schal vom Aussterben bedroht. Das, was jetzt zählt, können andere besser: Nicht nur die Kanäle, sondern auch die Inhalte der Markenkommunikation unterliegen einem gewaltigen Transformationsprozess. In einem Boot mit dem Kunden zu sitzen, heißt nämlich zwangsläufig auch, dass der Kunde ganz dicht dran ist an der Marke.

Mal langsam, meinen Sie? Das gilt nur für die jungen Kunden? Solange der Löwenanteil der Kaufkraft noch bei den älteren Generationen liegt, kann der Wandel warten? Keineswegs: Auch die älteren Zielgruppen gewöhnen sich zunehmend an die neue Transparenz. 69 Prozent der 50- bis 64-Jährigen nutzen das Internet; sogar 41 Prozent der Generation 65+ tun das. Über die Hälfte der Deutschen kauft bereits über das Internet ein und surft auch mobil. Gleichzeitig erleben wir, wie der stationäre Handel in den Sektoren einbricht, die ihm keine Vorteile gegenüber dem Shopping aus dem Wohnzimmer abringen können. Seit 2014 ist er in Deutschland erstmals auch insgesamt rückläufig gegenüber dem Online-Handel, wo der Konsum und alle Hintergrundinformationen nur einen bequemen Mausklick entfernt sind.

Nein, die Frage nach dem »Ob« ist keine Generationenfrage. Die Frage nach dem »Ob« stellt sich überhaupt nicht mehr. Die Ansprüche ändern sich bereits rasant – und greifen vom Netz ausgehend auch auf alle anderen Kanäle über. Auf der einen Seite erzählen alternde Showmaster im Fernsehen noch Kindern Geschichten vom Pferd und haben dabei eine Tüte Tropifrutti in der Hand. Auf der anderen Seite hebt ein Online-Modeversand auf dem gleichen Kanal anstelle der offiziellen Shooting-Resultate bereits die Outtakes auf die Bühne. Offline lädt ein Designer Journalisten ins surrende Atelier statt in den herausgeputzten Showroom, und ein Baumarkt legt seinen Kunden nahe, dass die Wahl zwischen Markt und Online-Shop heute eine Mal-so-mal-so-Entscheidung sei.

Das *Making-of Marke* ist nicht einfach nur eine digitale Modeerscheinung.

IM BETT MIT DEINER MARKE

Das Bedürfnis nach Transparenz, das die neue Nähe mit sich bringt, unterwirft die Markenkommunikation ganz neuen Qualitätskriterien. Die Wirkung einer Marke lässt sich nicht mehr in der Währung von »Awareness« beziffern. Auffallen und dafür dicke Etats verpulvern kann man auch aus den falschen Gründen: Die alten Märchen und simplen Slogans penetrant in die Wiederholungsschleife zu legen, reicht nicht mehr, um Kunden zu überzeugen, die alles hinterfragen (können).

Im Netz stößt diese Strategie ohnehin an ihre Grenzen: Aufdringliche Anzeigen sind bei den Nutzern verpönt, weil sie die Online-Erfahrung behindern, anstatt sie zu bereichern. Native Advertisings, mit dem Start-ups wie Buzz-Feed oder Disqus Website-Content in werberelevante Inhalte verwandeln, wurden 2013 bereits 53 Prozent öfter geklickt als die klassischen Display Advertisings.

Um ganz nah beim Kunden und dabei glaubwürdig zu sein, müssen neue Schnittstellen angesprochen werden. Das heißt: Inhalte, die Interessen betreffen, die die Marke mit dem Kunden teilt. Die den Kunden bewegen, und mit ihm auch andere, mit denen er sie wiederum teilt. Inhalte, die durch ihre Relevanz und durch ihre Empathie bestechen.

Das funktioniert nur, wenn die Marke dem Kunden glaubwürdig kommuniziert: Wir wollen mit dir im selben Boot sitzen. Deine Interessen sind unsere Interessen. Unser Haus ist dein Haus. Komm rein, überzeug dich davon, und richte dich häuslich ein. Schau dir an, wie wir die Dinge machen, die du kaufst. Und wenn du uns schon beehrst: Mach doch mit! Dann wird alles, was unseres ist, auch deins.

Transparenz herzustellen, wird zur zentralen Schlüsselkompetenz der Kundenbindung. Aus zwingendem Grund: Weil die Menschen alle Möglichkeiten haben, sich in Echtzeit umzuentscheiden, sind sie immer weniger bereit sich zu binden. Früher war es die Marke, die mit dem Reiz ihrer Distanz spielte. Heute ist es der Kunde, der sich nicht mehr binden will und muss. Die Markenkommunikation muss diese Distanz aufheben, indem sie sich auf den Kunden zubewegt. Sucht die Marke nicht mehr aktiv seine Nähe, kommt keine Bindung mehr zustande.

Der Kunde spürt das. Weil immer mehr Marken sich aktiv um ihn bemühen, wachsen seine Ansprüche an die persönliche Ansprache. Er gewöhnt sich zunehmend daran, direkt umworben zu werden. Diese berechtigte Erwartungshaltung ist der Grund, warum sogar Banken ihre Kunden plötzlich mit hinter die Bühne nehmen, wo früher am Bankschalter Schluss war. Und die Tatsache, dass manche mit dem Bedürfnis nach Transparenz besser zurechtkommen als andere, ist der Grund, warum manche Marken schon heute besser dastehen als andere.

Auf dem Feld der transparenten Interaktion liegen mannigfaltige Ansätze für die Markenkommunikation. Die aktuelle Markenlandschaft ist ein einziges großes Labor: Es wird experimentiert, was das Zeug hält. Die Ergebnisse sind vielfältig – und ermöglichen spannende Ausblicke auf das, was noch kommen wird.

Wie antworten Marken aus verschiedenen Märkten auf den Megatrend Transparenz? Wie gehen sie auf die neuen Ansprüche ihrer Kunden ein?

THE BIG BANG COOKERY

Schau uns beim Kochen zu – wir zeigen Dir, wie's geht.

Viele Experimente sind der Transparenz bereits auf der Spur, verharren bei der Umsetzung des Megatrends jedoch noch auf der Formebene. Insbesondere große Unternehmen, die auf budgetäres Denken eingestellt sind, versuchen, das alte Muster statischer Strategien in die neue Zeit zu übertragen. Zum Beispiel, indem sie einen Bruchteil des Werbeetats für Social Media einplanen und Standard-Werbetexte, Gewinnspiele oder Rabattaktionen über diesen Kanal promoten. Oder indem sie nutzwertige, themenverwandte Inhalte zur Verfügung stellen – im besten Fall immerhin unter Beteiligung ausgewählter »Teilnehmer«.

Der Lebensmittelkonzern Maggi hat zu diesem Zweck das etablierte Format des »Maggi Kochstudios« weiterentwickelt und formal auf Interaktivität getrimmt. Am »Maggi Mittwoch« wird nun also interaktiv gekocht. Jede Woche kommen vier Leute in einem Hangout auf Google+ zusammen und kochen »gemeinsam«, nämlich vor laufenden Webcams. Mit dabei eine Maggi-Kochberaterin und drei »Teilnehmer«: ein Fan, ein Blogger und ein YouTuber. Das verbindende Element ist die Begeisterung fürs Kochen. Die so entstandene interaktive Kochshow kann sich die Netzgemeinde dann auf dem Maggi-YouTube-Kanal oder auf der Maggi-Website anschauen.

Dieser Ansatz mutet noch sehr inszeniert an, unterscheidet er sich doch letztlich nur durch den Ort und das Personal von den alten TV-Spots: Statt des Kochstudios ist eine Online-Plattform der Treffpunkt der Protagonis-

161

ten. Die sind immerhin nicht alle bei Maggi angestellt oder Schauspieler. Die Message an die Kochfans unter den Social-Media-Enthusiasten: Wir wissen, dass es euch gibt, und Maggi ist auch für euch da. »The Big Bang Cookery« für Kochnerds. Letztendlich ist der Maggi Mittwoch jedoch nicht viel mehr als ein moderierter Videochat mit massivem Product Placement. Je nach Originalität funktionieren solche Ansätze (noch) mehr oder weniger gut. Ihr limitierender Faktor ist, dass der Austausch mit dem Kunden auf einem sehr oberflächlichen Niveau bleibt: Mehr Infotainment als Interaktion. Der Kunde darf irgendwie »dabei sein«, aber nicht »nah dran«. Er kann standardisierten Inhalten folgen, die das Unternehmen vorgibt, aber nicht mitgestalten. Das Konzept von Maggi bleibt für die Masse der User letztlich beim Konsum dieser Inhalte auf YouTube stehen.

So hat der Konzern im Effekt nur die alte Werbestrategie des Maggi-Kochstudios verjüngt, indem er sie für Social Media optimiert hat: Hey, wir machen jetzt YouTube! Damit unterschätzt der Marktführer die Zielgruppe, die er ansprechen möchte – da liegt noch einiges Innovationspotenzial brach.

MACH DIR DEIN MAKING-OF DOCH SELBST!

> Geh an den Strand. Mach was Aufregendes. Hab Spaß und teil ihn mit uns.

Einen Schritt weiter gehen die Konzepte, die den Kunden selbst in Aktion versetzen. Das ist für die Konsumenten bereits deutlich attraktiver als anderen dabei zuzuschauen, wie sie Spaß haben.

Bei der #Fanta100-Kampagne werden junge Kunden aufgerufen, 100 verrückte Dinge zu tun, bevor sie 18 werden. Dabei sollen sie sich fotografieren oder filmen und die Ergebnisse mit dem Hashtag #Fanta100 bei Instagram hochladen. Der TV-Spot dient dabei als Einladung zur eigentlichen Aktion, deren Inhalte von den Teilnehmern gestellt werden. Das Unternehmen gibt nur den Anstoß: Die Liste der 100 Challenges wird nach und nach auf der Firmenwebsite, bei Instagram und auf den Fanta-Flaschen veröffentlicht – und dann sind die User dran.

Der Konsument wird bei dieser Kampagne zum Protagonisten. Der TV-Spot im Making-of-Look inszeniert das spielerische Erlebnis der User glaubwürdig: Er zeigt Teenies dabei, wie sie einige der Challenges in die Tat umsetzen. Die Bilder wirken roh, die Kamera wackelt, wie es auch die Handykameras der Teenies tun werden. Nicht Perfektion ist hier gefragt, sondern Spaß an der Sache.

Die Kampagne zeigt, dass auch die klassischen Kanäle im Sinne der Transparenz eingebettet werden können – wenn sie zum Beispiel dazu genutzt werden, einen lebendigen Dialog auf anderen Plattformen zu starten. Die Message: Spiel mit uns!

Trotz stimmiger Umsetzung hat auch Fanta den Sprung in die neue Welt noch nicht ganz geschafft. Der TV-Clip stellt das Produkt stark in den Mittelpunkt und lässt sich – gewiss bewusst – noch leicht als klassische Werbung konsumieren. Allzu sorgsam dribbeln die »sorglosen« Teenies am Strand um die Fanta-Flasche herum. Doch immerhin ermöglicht die Kampagne den Kunden, die für die Teilhabe empfänglich sind, den Sprung vom Konsumenten zum Produzenten von Inhalten. Zudem verknüpft das Konzept erfolgreich mehrere Kanäle miteinander. Damit ist Fanta einen entscheidenden Schritt weiter als jene Marken, die Online-Plattformen nur halbherzig mit einer separaten Strategie oder durch die Zweitverwertung von Inhalten bedienen.

MAKING-OF MÄNNERTRAUM

Erlebe mit uns das Abenteuer deines Lebens. Werde Teil einer Mission, bei der ein einzigartiges Produkt entsteht. Schreib mit uns an einer Legende.

Rolex rollt den Making-of-Gedanken auf maximaler Breite aus. Das Unternehmen weiß den Nimbus der Marke zu nutzen und sich in der Kommunikation auf der Produktebene zurückzunehmen. Dabei geht es genau darum: eine editierte Uhr. Stattdessen inszeniert die Marke eine Erlebniswelt für ihre Kunden, in der sie Männerträume wahr werden lässt. Aus der Rolex

Deepsea Challenge wird ganz nebenbei die erste Uhr, die aus jedem Mann einen nautischen Abenteurer macht.

Die Besonderheit: Das Making-of der Expedition und das Making-of der Uhr werden eins, und der Kunde kann beide Entstehungsprozesse durch konsequentes, crossmediales Storytelling synchron miterleben: Jules Verne fürs 21. Jahrhundert. Die Elemente des Kommunikationskonzepts erlauben Männern in die Mission Deepsea Challenge einzutauchen wie in ein reales Abenteuer – vom multimedialen Konsum bis hin zur aktiven Teilnahme an der Expedition. Das Abenteuer begleitet die Entstehung des Produkts nicht nur, sondern beeinflusst sie. Design und Funktionalität der Uhr werden unmittelbar auf die Ansprüche der Tiefsee-Mission ausgerichtet. Und das ist nicht irgendeine Mission: Es ist die Tauchfahrt, über die Hollywoodregisseur James Cameron einen Film drehen wird. Das Making-of des Produkts wird zum Making-of des Hollywoodstreifens, der ein Making-of eines großen Abenteuers ist.

Gleichzeitig wird diese vielschichtige Story, welche die Uhr in sich trägt, mit der Rolex-DNA verbunden: Mit einer Tradition von früheren legendären Tauchfahrten, bei denen forschende Teufelskerle mit speziellen Rolex-Modellen ausgestattet wurden. Hier wird nicht nur eine Uhr erschaffen, sondern eine Legende – und der Kunde wird hineingeschrieben.

Auch die klassischen Kanäle sind geschickt mit dem Mythos verzahnt: Die Print-Anzeigen erscheinen bei *National Geographic*, das die Unternehmung gleichzeitig mit einer Making-of-Dokumentation redaktionell begleitet. Es ist eines von vielen Beispielen für den Trend zum Dokumentarischen, das sich als formale Umsetzungsstrategie für den Making-of-Gedanken geradezu anbietet.

Rolex hebt mit dieser Vorgehensweise die Grenzen zwischen den Kanälen klassischer Werbung, PR-Maßnahmen und multimedialer Interaktion auf: Kampagne, Sponsoring, Product Placement, redaktionelle Inhalte, sogar (Film-) Kunst – alles fließt in der Story des Making-of einer Legende ineinander. Der Kunde kann sich an jedem beliebigen Punkt einklinken und von dort aus schrankenlos weiterreisen. Ein eigentlich austauschbarer Prozess wie die Produktentwicklung wird zu einer dreidimensionalen Abenteuer-mission zum Mitfühlen und Miterleben zusammengeschraubt. Dieses faszi-nierende, greifbare und packende Erlebnis macht jeden Träger der Uhr zum Mitglied im Alpha-Männchen-Klub der Abenteurer und Eroberer.

Rolex hat verstanden, dass Transparenz nur aufregend ist, wenn die Story, in die der Nutzer hineingezogen wird, tatsächlich zur Marke passt. Die Deepsea Challenge trägt alle Werte des Unternehmens in sich: Präzi-sion, Leidenschaft, Pioniergeist, Nachhaltigkeit, Exklusivität. Damit geht das Konzept weiter als viele andere Versuche, den Megatrend Transparenz in eine persönliche Ansprache zu übersetzen. Sie bedient die Schnittmen-ge der Unternehmenswerte mit den Interessen der Zielgruppe und schafft auf dieser Basis geteilter Emotionen gemeinsame Inhalte.

Jede Marke muss sich sehr dezidiert darüber Gedanken machen, wo, wann und in welcher Form sie Kunden, Fans und Interessierten sinnhafte Ein-blicke gibt und sie ernsthaft am Entstehungsprozess des Produkts und der Weiterentwicklung der Marke teilhaben lässt. Mit seiner Adaption des Ma-king-of-Gedankens dokumentiert jedes Unternehmen, ob es die Bedürfnis-se seiner Zielgruppe versteht oder nicht. Ob sie sie genug schätzt, um sie sinn-haft zu involvieren. Kurz: Wie weit sie auf ihre Kunden zu-zugehen bereit ist.

> Der Kunde kommt nicht mehr. Man muss ihn holen.

Marken, denen das gelingt, wirken wie Magnete auf ihre Fans. Auch die schnappen nur zusammen, wenn sie nahe genug aufeinander zubewegt werden. Das ist der einzige Mechanismus, der die Distanz aufheben kann, die Kunden heu-te automatisch einnehmen. Der Kunde kommt nicht mehr. Man muss ihn holen.

MAKING-OF MOTIVATION

> Unsere Ziele dienen deinen Zielen. Gemeinsam werden wir immer
> besser.

Nike will uns an die Wäsche: Die Sportartikel-Marke inszeniert sich als persönlicher Coach für ihre Kunden. Das ist naheliegend und doch gar nicht banal: Es gibt kaum einen intimeren Job als den eines Personal Trainers. Er greift in unsere Lebensgewohnheiten ein. Er beobachtet unsere Aktivitäten und steht uns dabei mit Rat und Tat zur Seite. Er dokumentiert, analysiert und korrigiert uns. Er packt uns an, wenn wir verschwitzt an unsere Grenzen gehen. Er gibt uns einen Schubser, wenn wir mal nicht mitspielen wollen. Und er applaudiert uns, wenn wir es gut machen.

Das ist eine ganz schön enge Beziehung. Eine Marke, die wir so nahe an uns heranlassen, muss es sehr ernst meinen. Wir lassen zu, dass sie uns auf der Reise zu uns selbst begleitet. Auf dem steinigen und euphorisierenden Weg der Selbstoptimierung. Ein Partner, der uns in einer so engen Bindung hängen lässt, wird schneller ersetzt als ein Bundesliga-Trainer. Doch einer, der es richtig macht, ist ganz tief drin in unserer Friend Zone.

Genau das ist die Haltung hinter *dem Brandship-Faktor*, mit dem erfolgreiche Marken uns in Zukunft an sich binden.

Nike ist auf diesem Weg schon sehr weit gegangen und hat genau deshalb den Hauptkonkurrenten Adidas an der Börse abgehängt wie ein Nike-Jogger einen Adidas-Jogger an der Hausecke. Der darf das Gefühl der Überlegenheit teilen, wenn er lächelnd vorbeizieht.

Die internationale Marke hat das geschafft, indem sie ihre Kommunikation mit den Kunden konsequent auf deren Bedürfnisse abgestellt und in ein taktiles Erlebnis überführt hat. Das spüren wir an allen Enden – von den Social-Media-Aktivitäten über die TV-Spots bis hin zu Interviews mit den Nike-Produktdesignern über deren Ziele und Herausforderungen. Es geht dabei nur noch am Rande um das einzelne Produkt, um die coole Kampagne oder den kreativen Claim. Es geht darum, in vielen bunten Facetten zu demonstrieren, wie Menschen mit Nike ihre sportlichen Ziele erreichen.

Vom Superstar bis zu jenem Jogger an der Hausecke: Die Nike-User sind geeint in ihrem Ehrgeiz. Sie tragen das Gefühl der Überlegenheit in ihr Umfeld – durch den Spaß, der entsteht, wenn sie sportliche Aktivität in ihr Leben integrieren. Deshalb fühlen sich auch Clips und Anzeigen an, als wäre man live dabei: Jedes Bild ist wie zufällig mit der Go Pro aus der Hüfte geschossen, wenn gespielt wird, wenn gelaufen wird, wenn Rekorde gebrochen werden. Teil dieser Community zu sein, ist ein organisches Erlebnis: Man gehört dazu, wenn man nur in Bewegung ist, die Grenzen ein wenig ausdehnt, die Ziele ein wenig höher schraubt – und vereint in der Euphorie, wenn man sie erreicht.

Die Markenkommunikation von Nike ist ein gutes Beispiel dafür, wie abwechslungsreich und bunt das Thema Making-of umgesetzt werden kann. Bei Nike reicht das Insider-Erlebnis bis in die Produktentwicklung hinein. Wir erleben mit, wie Nike seine Produkte und sich selbst weiterentwickelt, um uns dabei zu unterstützen, uns selbst weiterzuentwickeln.

Ich kann sogar in den Produktionsprozess eingreifen und das Produkt zu meinem eigenen machen, indem ich mir meinen Schuh selbst designe. Und nicht nur das: Wenn ich ihn anziehe, ziehen ihn sich unzählige andere mit mir an. Denn der Schuh wird mit einem vernetzten Chip geliefert, der mit einer App kommuniziert, die mich mit der Nike-Community verbindet. Big Data am Fuß. Wir motivieren uns gegenseitig in Echtzeit, um am Ball zu bleiben. Wir lernen von der Gemeinschaft, wie wir besser werden können. Wir erreichen unsere Ziele und teilen unsere Erfolge miteinander.

Spielend gelingt Nike auf diese Weise ein echter Coup: Die Kommunikation der Community-Mitglieder untereinander ist nichts anderes als externalisierte Markenkommunikation. Die Bindung an die Gruppe erzeugt Bindung ans Unternehmen. Und dieser Zusatznutzen für die Marke, der mehr Magnetismus erzeugt als jeder TV-Spot, kostet keinen Cent extra. Making-of Motivation wird Making-of Community wird Making-of Myself. Ganz gleich wer in dieser Kette einen Erfolg erzielt – er wird automatisch zum Erfolg aller anderen.

Brandship-Faktor eben: eine verdammt intime Beziehung.

DU BIST DIE MARKE!

> Gib uns deine Probleme. Wir finden gemeinsam eine Lösung, die wir
> nur mit dir in die Tat umsetzen können. Du hast's erfunden.

Der Making-of-Gedanke lässt sich durchaus noch weiter auf die Spitze
treiben. Das Innovations- und Technologieunternehmen 3M hat sich als
Thinktank für ein breites Spektrum an Wirtschaftssektoren positioniert.
Vom Standort Neuss aus stattet 3M Unternehmen in aller Welt mit innovativen Lösungen für ihre ganz spezifischen Anforderungen aus.

Ein starkes Nutzenversprechen von einem innovativen Dienstleister –
so weit, so gut. Doch als Kunde von 3M wird man nicht einfach nur gehört
und beliefert; man wird selbst zum Innovator. Mitglied des Think Tanks.
Erfinder. Daniel Düsentrieb, Archimedes, Steve Jobs.

Unter dem Motto »Tausche Lösung gegen Problem«, fordert 3M uns
auf, unsere ganz persönlichen Probleme auf den starken Schultern der Entwickler abzuladen – die sich dann darum kümmern. Deine Wackeldackel
werden reklamiert, weil die Befestigung das Armaturenbrett ruiniert? Ein
klassisches Klebeproblem – kümmern wir uns drum. Du willst ein Feuer-
zeug in eine Handyhülle integrieren, aber deine Testkunden fackeln sich
damit beim Telefonieren die Haare ab? Ein brenzliges Sicherheitsproblem
– verhindern wir, dass die Schadenersatzforderungen dich in die Insolvenz
treiben. Du kannst dich nicht auf deine Arbeit konzentrieren, weil die Kol-
legin im Büro dir ohne Unterlass ein Ohr abkaut? Ein ernst zu nehmendes
Büroproblem – sprechen wir über Schallisolation.

Und wenn die Lösung gefunden, das Patent erteilt und die Technologie
serienreif ist, dann wird die Welt sie dir zu verdanken haben. Wer hat's
erfunden? Du hast's erfunden.

Und was hat das Unternehmen 3M von dieser maximal involvierenden
Form der Markenkommunikation? Allein die Vorstellung, dass ich mit 3M
ein professionelles Produkt gemeinsam entwickeln kann, macht mich zum
Partner auf Augenhöhe. Ich werde ernst genommen. Ich werde Teil des
Entwicklungsprozesses. Ich werde Think Tank. Ich werde 3M. Ein starker
Treueschwur im Land der Dichter und Denker: 3M macht uns fit für die

Zukunft. Die Transparenz erzeugt einen Imagegewinn auf beiden Seiten, und dadurch wieder – eine starke Bindung.

Die Umsetzung des Konzepts ist überraschend altmodisch. 3M wirbt, online wie analog, mit kleinen Anzeigen, kaum mehr als die Kästchen lokaler Unternehmen im Anzeigenteil der Regionalzeitung. Ein interessanter Effekt: Die Bodenständigkeit trägt zur gefühlten Nähe bei. Gleichzeitig unterstreicht sie den seriösen, handfesten Ansatz der Fachkräfte, die hier am Werke sind. Dahinter steckt ein sehr innovativer Gedanke, der das Motto Making-of bis zum Anschlag ausreizt. Das Beispiel zeigt: Nicht die innovative Form ist ausschlaggebend, sondern die Bereitschaft zur usergenerierten Innovation auf der Prozessebene.

3M geht damit sogar noch einen Schritt weiter als Nike oder Rolex: Auf diesem Level von Transparenz nimmt die Interaktion mit dem Kunden Einfluss auf die Marke selbst. Auch Kritik – am Produkt, an den Prozessen, an der Kommunikation – ist damit nicht nur nicht mehr tabu, sondern erwünscht.

Der Status der Marke wird dadurch nicht etwa unterwandert. Vielmehr wächst ihr Ansehen, wenn sie auf Selbstüberhöhung verzichtet: Transparenz statt Mythologie. Indem der Kunde beim Making-of selbst zum Macher wird, schreibt er seine Handschrift in die DNA des Unternehmens ein. Seine Bedürfnisse formen das Produkt und den Prozess der Produktentwicklung. Das Unternehmen lernt von seinen Kunden und macht sie zu kreativen Teilhabern.

Erst mit diesem zusätzlichen Schritt wird das *Making-of Marke* wirklich zur Beziehung auf Augenhöhe – der Beginn einer wundervollen *brandship*.

MAKING-OF BRANDSHIP-FAKTOR:
DREI MEILENSTEINE DER BEZIEHUNGSANBAHNUNG

Welche Erkenntnisse für die Zukunft der Markenkommunikation lassen sich aus diesen sehr unterschiedlichen Reaktionen auf den Megatrend Transparenz ableiten?

Aus Kundensicht lautet die Antwort: Wir erwarten von Marken und deren Machern, dass sie von sich aus unsere Nähe suchen. Wir wollen nicht mehr Zielgruppe mittelbarer, erfundener Geschichten sein, sondern persönlich angesprochen *und* einbezogen werden. Ernst genommen und gefragt werden. Wir ersehnen einen Dialog auf Augenhöhe, der auf beiden Seiten gestaltend wirkt.

Diese Erwartungshaltung können Marken erfüllen, indem sie uns spannende und aufrichtige Einblicke in ihre (Wert-) Schöpfungskette geben. Im direkten Austausch können sie den Spaß, die Leidenschaft, die Liebe zum Detail, die Risikobereitschaft und gern auch einmal die Schwierigkeiten mit uns teilen, die sie umtreiben. Mit diesen authentischen Bausteinen bauen Marken viel nachhaltigere, verbindlichere Brücken zu ihren Kunden, Fans und Partnern, als die konventionelle Werbung das erlaubte. Indem sie Kunden nicht nur informieren, locken und unterhalten, sondern auch konstruktiv einbeziehen, können sie eine so enge Bindung erzeugen wie nie zuvor.

Nicht den Konsumenten beim Making-of zuschauen zu lassen, ist die große Herausforderung, die es zu bewältigen gilt – das ist nur ein Zwischenschritt. Die wirkliche Herausforderung und das Potenzial der neuen Markenkommunikation liegen im gemeinsamen Gestaltungsanspruch, den die Öffnung zum Kunden ermöglicht. Erst wenn die Konsumenten Teil der Wertschöpfungskette werden, bevor sie auf den Bezahlen-Button drücken, werden sie sich wirklich einbezogen fühlen. Um diesem Anspruch gerecht zu werden, müssen Marken bereit sein, sich in beide Richtungen zu öffnen: Nur wenn der Austausch mit den Kunden zur Making-of-Story der Marke avanciert, wird sie als zukunftsfit wahrgenommen.

Sind die Kunden tatsächlich bereit dafür? Die Antwort in einem Wort: Kickstarter.

Dieser revolutionäre Prozess ist keine Zukunftsmusik mehr. Er hat längst begonnen, wie die ausgewählten Beispiele zeigen – und auch manche werbefrei subtil platzierte Information, die darauf einzahlt. Dass die Entstehung des neuen Apple Campus 2 von einem neugierigen Fan mit einer Drohne dokumentiert wurde, freut niemanden mehr als Apple; das YouTube-Video wurde millionenfach aufgerufen. Was Kunden bewegt, macht auch vor (potenziellen) Mitarbeitern nicht halt: Facebooks Social-Freezing-Story liefert

Einblicke in den Führungsstil des Unternehmens als exemplarischem Arbeitgeber der Zukunft.

Transparenz ist eine Herausforderung, die jeden Markt verändern wird – nicht nur für die Platzhirsche. In der dafür notwendigen Dynamik liegt eine fette Chance gerade für junge Unternehmen. Große, etablierte Player tun sich mit ihren oft schwerfälligen Strukturen und ihrer budgetären Denkweise verständlicherweise schwerer mit der Öffnung zum Kunden. Sie faken momentan oft die Live-Anmutung, beschränken das Thema Making-of auf die üblichen Social-Media-Aktivitäten und geben sich mit ein paar Tausend Klicks zufrieden. Die neue Markenkommunikation erfordert mehr als das. Sie beruht auf agilen Prozessen. Kleine Angreifer-Marken, die bereit sind, mutige, neue Schritte zu gehen, haben deshalb derzeit realistische Chancen, den Markt von hinten aufzurollen.

> Transparenz ist eine Herausforderung, die jeden Markt verändern wird.

Mittelfristig werden Making-of-Inhalte, die Menschen und Marken zusammenschweißen, die klassisch inszenierten Kommunikationsinhalte zunehmend ablösen. Jedes Unternehmen muss seinen originären Ansatz und seine ganz eigene Handschrift finden, um die neuen Möglichkeiten optimal zu nutzen.

Und genau dort liegt zukünftig die Kompetenz der Kommunikationsprofis, ob intern oder in den Agenturen: Ihr Job, unser Job ist es, die Frage nach dem Wie zu beantworten. Die DNA des Unternehmens nach Ansätzen zu durchleuchten. Das Material ist vielgestaltig: Von ungewöhnlichen Fertigungsmethoden über die Tücken der Produktentwicklung bis hin zur Führungsphilosophie des Unternehmens kommt alles in Betracht. Das Ziel besteht darin, das Besondere einer Marke zu finden, als authentische und spannende Hintergrundstory zu erzählen und damit über die passenden Kanäle bei den Interessen und dem Gestaltungswillen des einzelnen Kunden anzudocken, um ihn bei der Weiterentwicklung des Unternehmens an Bord zu holen. Nicht die glitzernde Darstellung zählt, sondern Nähe und Gegenseitigkeit. Das *Making-of Marke* ist viel mehr als eine Kommunikationsstrategie: Es ist eine Shared Story, mitten aus dem Leben, mitten im Leben.

Ist das noch Werbung? Das kommt darauf an, wie wir Werbung in Zukunft definieren. Auch der Kommunikationsmarkt ist geöffnet – in die Breite und in die Tiefe. Selbst das ehrwürdige *Cannes Lions Advertising Festival* heißt seit 2011 *Festival of Creativity*. Eric Schmidts idealtypische Übermenschmaschine namens »smart creative« kommt der Jobbeschreibung von Markenkommunikatoren heute näher als die des klassischen, präsentationsgetriebenen Werbers früherer Tage. Viele kleine, agile Agenturen sind längst dabei, das standardisierte Kampagnendenken zu sprengen. Rasant entwickeln sie sich zu Markenverstehern, die ihre Kunden umfassend beraten und deren gesamte Identität gleich mit hinterfragen. So wie es die Kunden tun.

BRANDSHIP-FAKTOR MAKING-OF

DAS MAKING-OF MARKE ERMÖGLICHT DEN MENSCHEN EINEN DIREKTEN ZUGANG ZUR MARKE, DER DIE GRUNDLAGE FÜR EINE BELASTBARE BEZIEHUNG BILDET.

_____ NEHMEN SIE IHRE FANS HINTER DIE KULISSEN MIT:

1. *Begegnen:* Öffnen Sie Ihre Kommunikation. Probieren Sie in geeigneten Bereichen spielerisch neue Ansätze aus und laden Sie Kunden, Fans und Partner hinter die Markenbühne ein.

2. *Verlieben:* Etablieren Sie an allen Touchpoints neue Perspektiven. Schenken Sie den Menschen interessante Einblicke, relevante Hintergrundinfos und spannende Geschichten rund um die Marke. Der Entstehungsprozess wird zum Fokus der Kommunikation.

3. *Zusammenleben:* Machen Sie die Menschen zu einem Teil des Making-of Marke. Interaktionsformen, die direkten Einfluss auf die DNA der Marke nehmen, erzeugen glaubwürdige Nähe zum Kunden und sorgen damit für nachhaltige Identifikation.

Diese Entgrenzung eröffnet ein riesiges Kommunikationsfeld mit unendlichen Briefing- und Kreativ-Optionen. Drei Meilensteine können Unternehmen bei ihrem *Making-of Marke* unabhängig von der individuellen Ausgestaltung Orientierung bieten.

Erst wenn eine Marke diese Schritte konsequent umsetzt, wird aus Brandbuilding *der Brandship-Faktor*: eine echte Beziehung.

GESTATTEN:
ZUKUNFT. IHRE ZUKUNFT.

Marken, die die Nähe der Kunden suchen. Schuhe, die ihren Träger mit der Community vernetzen. Firmen, die sich von ihren Kunden mit voller Absicht deren Probleme aufhalsen lassen. Kunden, die aktiv am Erfolg der Marke mitwerkeln und damit nicht einmal bis zur Markteinführung warten. Alles Signale, dass die Markenwelt sich in einem radikalen Umbruch befindet.

Transparente Banken – auch das klingt wahrscheinlich für viele noch nach Science-Fiction. Wer weiß, ob Nordnet wirklich klar ist, worauf sie sich da einlassen. Vielleicht will man in der Chefetage auch nur transparent wirken, und der TV-Spot bleibt eine Verheißung, der nur heiße Luft folgt. Doch immerhin haben die Entscheider den ersten Schritt getan: Sie haben das Bedürfnis nach Transparenz erkannt und sich selbst die Eintrittskarte in die neue Welt der Markenkommunikation ausgestellt.

Wer es mit der Transparenz ernst meint, muss weitergehen und nicht nur das »Making-of Werbespot« inszenieren, sondern das *Making-of Marke*: Die Menschen wirklich hinter den Schalter mitnehmen, nicht in eine künstliche Kulisse. Sie mitmachen und nicht nur zuschauen lassen. Sich wirklich öffnen, anstatt nur von Öffnung zu sprechen. Der Öffnungsprozess, den Kommunikationskonzepte wie das von Nordnet ankündigen, ist eine sehr reale Herausforderung für Unternehmen, die sich im Hier und Jetzt zukunftsfähig aufstellen wollen.

»Jeder Science-Fiction-Film, den ich je gesehen habe und der sein Gewicht in Zelluloid wert ist, warnt uns vor Dingen, die letztlich wahr werden.« Das hat Steven Spielberg einmal über sein bevorzugtes Filmgenre gesagt. Jeder Kommunikationsprofi, jeder Entscheider und jeder Gründer, der eine Marke erfolgreich positionieren will, tut gut daran, mit der gleichen Haltung an die Arbeit zu gehen. Das Bedürfnis nach Transparenz und die hier beschriebenen Konzepte sind eben keine Science-Fiction mehr. Düster ist dieses Szenario nur für die, die von der Verschleierung leben. Jede Marke muss sich ihrem eigenen Skript verpflichtet fühlen und den Ruf nach Transparenz ernst nehmen.

Das eigene Making-of bis in den Kern der Markenidentität zur Disposition zu stellen und dabei alle Prozesse in die Waagschale zu werfen, ist ein mutiger Neuanfang. Doch der Mut wird belohnt: mit echten, belastbaren Beziehungen, die auch Stolpersteine überstehen.

BACKSTAGE MIT BOND

1995, ein Jahr vor seinem Tod, gab der legendäre Filmproduzent Albert R. Broccoli seine Lebensaufgabe an seine Kinder weiter: Die Marke James Bond in die Zukunft zu führen. Seit 1961 besitzt die Familie die Filmrechte an Ian Flemings Romanen und Kurzgeschichten. 33 Jahre, nachdem er die Filmreihe um den Doppel-Null-Agenten ins Leben gerufen hatte, sagte der Patriarch zu seinen Kindern: »Ihr werdet auch Fehler machen. Aber macht die Fehler selbst, anstatt sie anderen zu überlassen.«

Seit zwei Jahrzehnten sind seine Tochter Barbara Broccoli und ihr Halbbruder Michael G. Wilson mit anhaltendem Erfolg auf dieser Mission unterwegs. Mit einer mutigen, radikalen Öffnung der Weltmarke für neue Einflüsse und mit dem neuen Darsteller Daniel Craig haben sie James Bond für das 21. Jahrhundert fit gemacht. Am Puls der Zeit, mit großem Aufwand und beeindruckender Liebe fürs Detail schreiben sie das Skript der Marke weiter – wie es zuvor ihr Vater drei Jahrzehnte lang getan hatte. Weil Bond stets die Bedürfnisse seiner Epoche reflektiert, gerät die Legende nie aus der Mode.

Als 2005 bekannt wurde, dass der damals relativ unbekannte Daniel Craig die begehrteste Rolle der internationalen Filmbranche übernehmen sollte, sah es beinahe so aus, als ob sich Albert R. Broccolis Prophezeiung erfüllen sollte. Die Medien und die Fangemeinde reagierten mit massiver Ablehnung auf den neuen Darsteller: »James Bland« taufte ihn die britische Boulevardpresse, und das war noch eine der harmloseren Formulierungen. Hatten die Erben einen Fehler begangen?

Kaum war *Casino Royale*, die erste Verfilmung mit Daniel Craig, 2006 in den Kinos angelaufen, wich die Kritik kollektiver Begeisterung. Der neue Bond eroberte die weltumspannende Fangemeinde genauso im Sturm wie die Kritiker. Plötzlich hieß es, er sei »glaubwürdiger als seine Vorgänger« und habe die »Lizenz zum Menscheln«. Wie jeder Bond vor ihm trug er die 007-DNA in sich, und doch war er kaum wiederzuerkennen.

»Daniel Craig ist perfekt für den Bond des 21. Jahrhunderts, weil er das Publikum an seinem Innenleben teilhaben lässt«, sagt Barbara Broccoli. Damit beschreibt die Produzentin nichts weniger als einen Geniestreich der Markenkommunikation. War der Agent seiner Majestät früher ein draufgängerischer Frauenheld, dessen Lack selbst im härtesten Überlebenskampf kaum mal einen Kratzer bekam, markiert Craigs Interpretation eine kongeniale Evolution der Rolle: Dieser Bond darf straucheln und Schwäche zeigen. Er darf mal eine Runde gegen den Gegner verlieren, und auch ein Bond-Girl haben. Wenn er kämpft, sieht man ihm an, dass es um die pure Existenz geht. Er ist härter, rauer, brutaler als je zuvor. Und gleichzeitig verletzlicher, nachdenklicher, nahbarer – »der angeschlagene Bond für eine angeschlagene Welt«.

Als Zuschauer dürfen wir diesem Bond in die Karten schauen. Mit ihm treten wir erstmals hinter die große Actionbühne. Wir werden zu seinem Verbündeten. Blicken ihm in die Augen, wenn er leidet, wenn er zweifelt, wenn seine Loyalität bröckelt. Dieser Bond ist noch immer seine eigene Legende, und doch ist er sterblich geworden.

Wir sind backstage mit Bond! Und wir lieben es. Der mutige Schritt der Produzenten nach vorn in eine neue Welt war kein Fehler, sondern ein Volltreffer. No risk, no chance.

Die Evolution der Marke ist Bonds Rolle in dieser Welt geschuldet: Das 21. Jahrhundert braucht transparente Helden. Menschen und Marken, die uns nicht nur verstehen, sondern sich für uns öffnen. Die mit uns einen Weg gehen und die Momente des Scheiterns genauso mit uns teilen wie die Erfolge.

Wie sonst sollen wir eine echte Beziehung führen, wenn nicht gemeinsam?

TATEN STATT WORTE:
DESTINATION
DIGITAL

»So, ich bin Gerd Heinemann, ich bin bei Deutsche See seit 39 Jahren, vier Monaten und zwei Tagen, und ich bin der Pate der Lachsautobahn. ... Das ist vielleicht ein bisschen übertrieben. Ich bin der König der Lachsautobahn.«

So beginnt eines von zahlreichen Imagevideos auf dem YouTube-Kanal von Deutsche See, dem größten Seefischimporteur Deutschlands. Lauter vergnügte, beredte, angestellte Brand Ambassadors kommen dort zu Wort, die mit ihrer Marke schon mehr als eine Revolution durchgemacht haben. Ein lustiger Haufen ist das: Wo selbst die Rentenanwärter so fröhlich über die Umwälzungen ihrer Branche plaudern, kann der Fisch nicht vom Kopf her stinken.

Altmodischer als das, was die Deutsche See macht – Fisch fangen (lassen), fangfrisch verarbeiten und verkaufen – kann ein Geschäftsmodell kaum sein. Der Fisch-Einzelhandel, einer der früheren Hauptkunden des Unternehmens, liegt längst im Sterben. Wenn hier nicht über den Fluch der Technologie geschimpft wird, wo dann? Könnte man meinen. Und würde sich gewaltig irren.

Ganz subtil erklärt Gerd Heinemann uns, warum die Lachse in seiner Produktion mit der Lachsautobahn zerlegt werden, also maschinell, und nicht von Hand – die Autobahn ist präziser und gründlicher. Weniger Fehler, weniger Ausschuss, weniger Abfall – dafür bessere Qualität. Es geht ganz menschlich zu in diesem und allen anderen Clips, ganz nahe am Konsumenten, der den Fisch am Ende auf dem Teller hat. Obwohl es mit der Automatisierung um einen abstrakten, scheinbar entmenschlichten Prozess geht.

Ähnlich hält die Deutsche See es mit der Datenautobahn: Auch die ist ein abstrakter Prozess. Außerdem ist sie, ja, präziser und gründlicher – und steigert die Qualität des ganzen Geschäftsmodells. Sie erlaubt nämlich den direkten Draht zum Kunden. Nicht nur bei der Kommunikation, sondern auch im Vertrieb. Und darin ist das Traditionsunternehmen richtig gut.

Tatsächlich ist die Deutsche See auch bei der Digitalisierung ganz vorn dabei. Das merkt man an der Kommunikation, doch die digitale Entwicklung der Marke geht viel tiefer. Der YouTube-Kanal »Die Fischexperten« spiegelt, was die Deutsche See längst als ihr wahres Geschäftsmodell für die Zukunft erkannt hat: den digitalen Versandhandel mit einer der ältesten Waren des Planeten. In einer Branche, in der man heute, zumal als Marktführer, noch ganz und gar nicht darauf angewiesen wäre. Ihren Hauptumsatz macht die Deutsche See, die früher mal zu Nordsee gehörte und seit dem Herauskauf 1998 inhabergeführt ist, noch immer als Großhändler für die Gastronomie und fast alle großen Einzelhandelsketten Deutschlands.

Trotzdem ist die Deutsche See mit ihrem scheinbar altmodischen Geschäftsmodell weitgehend digitalisiert. Und wie.

Die Überlegung dahinter ist denkbar simpel: Stellen Sie sich vor, Sie brauchen frischen Fisch – und leben nicht gerade in Hamburg oder im Einzugsgebiet eines Fischhändlers mit umfangreichem, frischem und qualitativ hochwertigem Sortiment. Das ist nicht so unwahrscheinlich, denn die meisten Fischhändler ums Eck, insbesondere in der Provinz, sind längst Geschichte. Fatal, jetzt wo der Bedarf nach frischen Lebensmitteln und die Lust am Kochen rapide ansteigen.

Wäre es nicht schön, wenn dieses Bedürfnis schon jemand digitalisiert hätte? Ein paar Klicks, und Sie bekommen innerhalb von 24 Stunden fangfrischen Fisch geliefert? Nachhaltig produziert, ohne Unterbrechung der Kühlkette fachmännisch transportiert und an die Haustür gebracht – und zwar im umweltfreundlichen Elektroauto? Ein Center-Cut-Thunfischfilet in Sashimi-Qualität für die Dinner-Gäste am Wochenende ohne schlechtes ökologisches Gewissen? Genau das bietet die Deutsche See an – schon jetzt in einigen deutschen Großstädten, und das Liefergebiet wird kontinuierlich ausgebaut.

Klingt alles nach Werbung? Tja, das ist genau der Punkt. Ich erzähle Ihnen das, weil ich die Art und Weise klasse finde, wie die Deutsche See ihr Geschäftsmodell digitalisiert hat, oder vielmehr: das Digitale in ihrem Geschäftsmodell entdeckt und genutzt hat. Es ist eben nicht die Tatsache, dass das Unternehmen auch digital kommuniziert. Es ist eben keine Werbung. Sondern der mutige Sprung ins Digitale mit Punktlandung.

Genau das macht mir das Modell so sympathisch und als Best Practice Case so exemplarisch: Ich bin kein Digi-Nerd, dieses Buch ist kein Digital-Ratgeber, und für viele Marken ist die Verpflichtung auf einseitige Digitalstrategien nicht die organische Lösung. Die Auswirkungen des Digitalen auf ein jedes Geschäftsmodell sind unstrittig, sie gilt es zu thematisieren und auch zu kommunizieren. In der Kommunikation selbst ist das Digitale letztlich auch nur ein Kanal, wenn auch ein sehr flexibler mit neuen kreativen Ansprüchen.

Bei vielen Markenmachern herrscht große Verunsicherung darüber, wie mit diesem Kanal zielgerichtet umzugehen ist. Die eigentlich zentralen Überlegungen, nämlich wie sich das Digitale auf den materiellen Markenkern auswirkt, treten dabei oft in den Hintergrund. Gerade die Fixierung auf standardisierte digitale Kommunikationsmaßnahmen führt jedoch dazu, dass sich bei vielen Konsumenten inzwischen eine »Digital Fatigue« eingestellt hat. Bei dieser Digitalisierung ist gründlich was schief gelaufen.

Noch mehr nerdige, standardisierte Digitalstrategien à la Chaos-Computer-Club in den Raum zu stellen, der sowieso schon überfüllt ist, bringt uns nicht weiter. Zielführender ist es, das große Ganze der Digitalisierung aus der Helikopter-Perspektive in den Blick zu nehmen und zu fragen: Wie können wir die grundlegenden Veränderungen, die die Digitalisierung bewirkt, kommunizierend begleiten? Nicht immer nur: Wie können wir die Kommunikation digitalisieren?

Genau das hat die Deutsche See erkannt und smart umgesetzt. Wie viele andere Vertriebsmodelle könnten auch die Bremerhavener sich auf die hübschen Videos beschränken und ansonsten alles halten wie immer.

Tun sie aber nicht, weil sie die wahren Chancen der Digitalisierung erkannt haben. Und werden deshalb wohl nicht von der Bildfläche verschwinden wie manches andere Vertriebsmodell, das sich hartnäckig gegen seine Digitalisierung wehrt und dafür fleißig Produktfotos auf Facebook postet.

Schade drum. Statt sich zu verweigern, könnte es in jedem Unternehmen Könige der Datenautobahn geben, die genau wissen, warum ihre Marke digital so und nicht anders funktioniert, und die darüber reden.

Wenn ich Captain Iglo wäre, würde ich jedenfalls nicht zu viel Zeit verlieren mit meiner Initiativbewerbung bei der Deutschen See.

EINFACH NUR DIGITAL?
EINFACH NUR SINNLOS!

Eigentlich wird die Digitalisierung total überbewertet. In der Kommunikation jedenfalls. Der Fokus ist bei vielen Marken noch gewaltig zugunsten zielloser Strategien verschoben, nämlich auf das Medium anstatt auf die Botschaft.

Tatsächlich sind durchschnittlich bisher nur etwa 30 bis 35 Prozent des Kommunikationsbudgets digital. Weit weniger, als wir vor einigen Jahren noch angenommen hatten. Warum ist das so? Weil die meisten Marken immer noch auf das digitale goldene Ei warten, anstatt selbst zu brüten. Doch das goldene Ei wird nicht kommen, weil es für die Digitalisierung keine Standardlösung gibt. Für die digitale Kommunikation nicht und für die digitalen Marken der Zukunft, also alle Marken, schon gar nicht.

Einfach irgendwie digital sprechen lernen, kann also nicht die Lösung sein. Auf Teufel komm raus den Dialog mit den Kunden zu digitalisieren, bringt einer Marke überhaupt keinen Mehrwert, wenn der digitale Content an sich dem Kunden keinen Mehrwert bietet. Dann bleibt der ersehnte Dialog nämlich ein gähnend langweiliger Monolog.

Leider ist genau diese verschobene Perspektive bei vielen Unternehmen, besonders den großen, noch Alltag. Kein Wunder, dass sich bei vielen Kunden schon eine Art »Digital Fatigue« einstellt.[119] Was bringen mir digitale Inhalte, wenn es sich dabei nur um alten Wein in neuen Schläuchen handelt? Oder wenn sie im Bemühen um innovative Konzepte der Marktdurchdringung sogar tierisch nerven – siehe Pop-ups, Banner und Adressbuch-Sauger?

Auf der Website eines großen deutschen Reiseveranstalters zum Beispiel grinst mich ein Typ mit Sonnenbrille und brüllfarbenem Anzug an, dessen Mütze mir wohl suggerieren soll, dass es sich um einen besonders coolen Flugkapitän handelt. Krawatte trägt er aber, na so ein Glück. Ich würde dem Kerl mein Leben trotzdem nicht anvertrauen wollen. Noch viel schlimmer als seine Ausstrahlung: Was er mir anbietet, sind die gleichen Pauschalreiseangebote, die ich auch in jedem Reisebüro der Marke bekommen kann. Oder jeder anderen Marke.

Mit dem Newsletter des Unternehmens erhalte ich: die Flugangebote der Woche, aktuelle Aktionen sowie »tolle News und Gewinnspiele«. Abonniere ich – nicht. Warum? Das gleiche bekomme ich auf jeder der neuen Plattformen, die die Angebote zahlloser Anbieter vergleichen, einschließlich Hotels, Mietwagen, Infos zum Urlaubsort, individueller Zusammenstellung nach meinen Anforderungen, Insider-Blogs, wirklich interaktiver Netzwerk-Community und so weiter.

Auf der Facebook-Seite des Reiseveranstalters dagegen sieht es aus wie im Provinz-Reisebüro, das nicht mal mehr Tante Herta freiwillig aufsucht: Katalogfotos von Ferienanlagen und, na klar, Gewinnspiele. Gefühlt in jedem Post. Die aktuelle Situation für Urlauber in den zahllosen Krisenländern thematisiert der Reiseveranstalter dagegen so wenig wie möglich. Was heißt es, heute nach Ägypten, Uganda, Marokko oder Tunesien zu reisen? Überall Probleme, und überall werden sie totgeschwiegen. Dabei täte sich die Marke selbst einen Gefallen damit, hier transparent zu kommunizieren: Was bedeutet es, in diese Länder zu reisen? Wo ist es sicher? Wohin macht Reisen vielleicht gerade jetzt Sinn, und warum? Doch diese brennenden Fragen aus der Zielgruppe finden kein Gehör. Frühstücksbuffet wie immer, nur keine Sorge. Wir sollen uns aufgehoben fühlen, doch die Nullkommunikation bewirkt genau das Gegenteil.

Mit dieser Digital-Strategie gewinnt die Marke keinen Blumentopf, geschweige denn die Aufmerksamkeit der rasant wachsenden, digital aufgeklärten Zielgruppen. Weil Content auch und gerade im Digitalen eben nicht mehr über Verkaufsargumente und Rabatte funktioniert, sondern über Interessanz, Werte, Geschichten, Kultur. Warum versucht das Unternehmen mich als Kunde immer noch angestrengt in den Markt zu ziehen, in dem ich doch längst bin? Warum bietet es mir online das gleiche an wie auf allen anderen Kanälen in der Vergangenheit? Warum beschränkt es sich digital auf ein Geschäftsmodell (Online-Buchung), in dem

> **Vertriebsmodelle sind endlich. Marken, die das nicht wahrhaben wollen, auch.**

andere längst viel besser sind? Warum nimmt es mich nicht mit in die Zukunft des Reisens? Warum kollaboriert es nicht mit spannenden Partnern vor Ort in den Reiseländern? Warum keine individuellen, typgerechten Reisevorschläge? Warum kein Content? Warum immer noch Reisebüro und sonst nichts?

Und das ausgerechnet bei einer Marke, die sich aufs Reisen zu neuen Ufern verstehen sollte – und mit genau diesem Ansatz punkten könnte.

Wenn es eine Lektion gibt, die wir aus den Konzernpleiten der letzten Jahre über die Digitalisierung lernen können, dann die: Vertriebsmodelle sind endlich. Marken, die das nicht wahrhaben wollen, auch.

DREI DENKFEHLER BEI DER DIGITALISIERUNG VON MARKEN

Viele Marken buchen die Reise zu ihrer Destination digital eben immer noch pauschal – und hoffen dabei auch noch auf einen Frühbucher-Rabatt. Ein bisschen Facebook-Marketing und eine Buchungsmaske, was bleibt uns schon übrig? Bloß kein Geld in Richtung des Digitalen werfen, scheint bei mancher Marke das Motto zu sein.

> **Denkfehler Nr. 1:**
> Die Digitalisierung betrifft nur die Kommunikation, nicht das Geschäftsmodell.

Andere Marken sind sensibler für die Strömungen des Digitalen und offen für neue Strategien – lassen sich allerdings nur auf das ein, was einen Proof of Concept hat, also anderswo bereits bewährt ist. So haben zum Beispiel die großen Technik-Discounter nach zähem Ringen und angesichts heftiger Konkurrenz aus dem Netz die Tatsache akzeptiert, dass große Teile des Umsatzes in diesem Markt zukünftig online gemacht werden. Deshalb sind sie mit Alibi-Webshops präsent, die die Produktpalette eben auch digital auflisten.

183

Am liebsten hätte manches Unternehmen es dennoch, wenn es auch auf diesem Kanal an den alten Vertriebswegen festhalten könnte: Wollen Sie Ihr Gerät nicht in Ihrem Markt vor Ort selbst abholen? Dann sparen Sie sich die Lieferkosten! Ist das nicht praktisch?

Nein, ist es nicht. Das ist höchstens retro, um es positiv zu formulieren. Verfügbarkeit ist ein digitales Basic. Viel spannender wäre es, die Vertriebskomponente digital aufzuladen und die Menschen proaktiv auf diesen Weg mitzunehmen.

> Denkfehler Nr. 2:
> Das Digitale dient nur als Vehikel, um die Kunden unter Beibehaltung des Geschäftsmodells zurück ins Analoge zu ziehen.

Und dann gibt es die Marken, die die Reise ins Digitale als Individualreise buchen: Die neuen Entrepreneure, die sich mit Haut und Haaren ins Netz stürzen und ihr Business auf ihre Art als digital verstehen. Ihr Geschäftsmodell ergibt sich aus der Digitalisierung. Sie bedienen die gleichen Bedürfnisse wie ihre etablierten analogen Wettbewerber, nur eben online. Sie stimmen ihre Zielgruppenansprache formal auf die Möglichkeiten des Digitalen ab und verstehen sich darauf, mittels SEO und anderer Werkzeuge weit genug oben zu ranken um mitzumischen. Sie gewährleisten eine reibungslose Online-Erfahrung und fangen die Kunden ab, die am liebsten gar nicht mehr vom Sofa aufstehen würden – die Netzgläubigen, die schon von Natur aus keine echte Markenloyalität mitbringen.

Ihr Problem ist nicht die mangelnde Expertise im Digitalen, sondern die mangelnde Expertise in ihrem Fach. Ein Online-Vertrieb mag leicht aufgesetzt sein. Mit Google AdWords und ähnlichen Werkzeugen mag eine gewisse Marktdurchdringung möglich sein. Doch als Marke bleibt ein solches Unternehmen völlig austauschbar, wenn es keine zusätzlichen Kompetenzen vorweisen und zum Gegenstand seiner Kommunikation machen kann. Irgendwie digital kann jeder, aber irgendwie digital macht eben auch jeder. Die wenigsten dringen durch. Weil die Kunden inzwischen digital anzutreffen sein mögen, aber immer noch Menschen aus Fleisch und Blut sind. Sie vertrauen keiner URL. Sie vertrauen der Persönlichkeit einer Marke. Das kann mangels Ansprechpartnern digital nur funktionieren, wenn das Unternehmen seinen Kunden vermitteln kann, wofür es steht.

Sogar die digitalen Platzhirsche können floppen, wenn der Marke die rechte Destination Digital fehlt – siehe Google Glass. Was möglich ist, ist deshalb noch längst nicht immer sinnvoll.

> Denkfehler Nr. 3:
> Das Digitale an sich ist ein Geschäftsmodell.

Damit wir uns richtig verstehen: Jeder dieser Wege kann funktionieren, jedenfalls für eine begrenzte Zeit. Es gibt genügend Beispiele aus allen drei Kategorien, die an ihren jeweiligen Märkten (noch) funktionieren. Jeder dieser Wege hat seine Vor- und Nachteile. Die Pauschalreise kann Marken (vorerst) ans Ziel bringen, die allein von ihrem Nimbus leben können. Der Versuch, über den digitalen Zugang an die alten Gewohnheiten der Kunden zu appellieren, kann fruchten, solange das analoge Geschäftsmodell noch konkurrenzfähig ist. Und die individual reisenden digitalen Entrepreneure können viel Aufmerksamkeit abgreifen, wo die Konkurrenz sich auf einen Online-Marketing-Manager in Teilzeit beschränkt, der Katalogfotos ins Facebook-Profil hochlädt.

Das Gelbe vom Ei ist keine dieser Strategien. Keine führt auf lange Sicht zur wahren Destination Digital einer Marke. Die liegt nämlich nicht in einer abgekupferten Media-Strategie, sondern in der Erkenntnis, dass das Digitale eben mehr ist als ein Kanal wie jeder andere, den man nur so oder so bespielen müsste. Nämlich eine Revolution – die Grundlage einer neuen Unternehmenslandschaft.

Die Digitalisierung einer Marke kann überall anfangen – beim Vertriebsweg, beim Produkt, bei der Gemeinschaft, bei Kooperationen oder bei ganz neuen Interessen und Marktlücken. Entscheidend ist, dass die Digitalisierung die gesamte Marke durchdringen muss. *Jede* Marke. Wir alle müssen

185

uns im Zuge der Digitalisierung auf die eine oder andere Art neu erfinden. Und zwar nicht irgendwie, sondern da und so, wo und wie es Sinn macht und Mensch wie Marke einen Mehrwert bringt.

Nur wenn der digitale Content das spiegelt und damit auf den Markenkern einzahlt, ist auch die Kommunikation wirklich digital.

Die Destination Digital ist letztlich eben keine Reise auf ausgetretenen Pfaden, die man buchen kann. Sondern eine Besinnung auf die Grundwerte der Marke, um der Positionierung *auch* digital Ausdruck zu verleihen. Bei der Digitalisierung geht es darum, Haltung zu zeigen. Die Reise zur Destination Digital kann nicht delegiert, sondern nur professionell begleitet werden. Das ist die ganzheitliche neue Mission der Reiseleiter in den Kommunikationsabteilungen und Agenturen.

Eine ganz neue Aufgabe für die Kreativen: Nicht in Formaten denken, sondern in Transformationsprozessen.

ES GEHT AUCH ZU DIGITAL

Paypal ist eine der stärksten digitalen Marken. Einerseits beruht ihr Geschäftsmodell auf dem grundlegendsten wirtschaftlichen Akt überhaupt: der Bezahlung. Ware gegen Geld. Wer die Zahlungen verwaltet, ist das primäre Bindeglied zwischen Käufer und Verkäufer – schon immer. Damit rüttelt Paypal an einer tragenden Säule des Wirtschaftens, wie wir es kannten, indem es im Geschäftsgebiet der Banken wildert. Die hatten bisher schließlich das Monopol, wenn es ums Zahlen ging.

Wenn eine Marke sich einer solchen Herkulesaufgabe stellt, muss sie sich in zwei Richtungen legitimieren: bei den Käufern und bei den Verkäufern. Dabei wurde eins zunächst vergessen: Beide, insbesondere aber die Kunden, hatten bei der Gründung von Paypal 1998 keine Ahnung vom Digitalen. Und dann kam eine digitale Marke daher und sagte: Gebt uns euer Geld, wir machen das mit dem Bezahlen.

Diese Strategie war – zu digital. Online hieß 1998 noch Neuland. Die Verbraucher damals ausgerechnet an ihrer empfindlichsten Stelle packen zu wollen, nämlich der Sicherheit ihres Geldes, war gewagt, weshalb es erst einmal nicht so recht funktionierte. Und es war mutig, weshalb es letztlich doch funktionierte. Es war eine visionäre Idee, deren Ausgang relativ ungewiss war. Und doch wagten es die Gründer frühzeitig, das Geschäftsmodell Zahlungsverkehr in die Zukunft zu denken.

Heute ist PayPal einer der Marktführer für das Bezahlen im Internet und wächst weiter. Über zwölf Millionen Paypal-Konten gibt es allein in Deutschland. Weltweit wickelt der Service täglich mehr als elf Millionen Zahlungsvorgänge ab.[120] Wie konnte das klappen?

Nach der anfänglichen Selbstverständlichkeit des Tech-Entrepreneurs, der die analoge Welt als To-do-Liste betrachtet, ruderten die Entscheider in ihrer Kommunikation zurück: Sie mussten den Menschen erst einmal nahebringen, worum es bei ihrem Service eigentlich ging. Nicht der abstrakte digitale Zahlungsverkehr stand fortan im Mittelpunkt aller Kommunikationsmaßnahmen, sondern der Komfort für Käufer und Verkäufer, und natürlich das große Thema Sicherheit. »Einfach«, »schnell« und »sicher« – diese Vokabeln definieren inzwischen die Kommunikation von Paypal. Es geht nicht ums Bezahlen – es geht um die Leichtigkeit.

PayPal hat seine Destination Digital gefunden: Die Leichtigkeit in der überfordernden digitalen Welt ist die Nische der Marke, nicht die unerotische Formalität des Zahlungsverkehrs. Deshalb geht es auch nicht mehr nur ums Bezahlen. Der Käuferschutz sichert auch die Rechte des Käufers ab und kümmert sich um die Abwicklung von Retouren und Beschwerden. Und nicht nur das: Auch Geld an Freunde und Angehörige zu senden und per App den Überblick über den eigenen Zahlungsverkehr zu behalten ist inzwischen einfacher als die Bedienung eines Bankautomaten.

Genau so funktioniert Digitalisierung wirklich: Die Einlassung auf das organisch Digitale im Markenkern nimmt direkt Einfluss auf das Geschäftsmodell. Nicht mehr das Bezahlen, sondern Leichtigkeit, zum Beispiel. Die Perspektive der Digitalisierung wird zum zentralen Entwicklungsansatz der Marke – und zur zentralen Content-Quelle für die Kommunikation.

Die Reise zur Destination Digital: Das ist eine Branded Story für Fortgeschrittene. Und gleichzeitig eine, die den Kunden die Wahl und das Leben ganz leicht macht – weil sie von ihrer Marke mitgenommen werden auf die Reise ins Digitale.

DIE MENSCHEN PROAKTIV MITNEHMEN

Damit diese Story greifen kann und die Kunden tatsächlich mitkommen, müssen Marken sie allerdings proaktiv abholen. Ganz besonders die, die sich mit dem Digitalen noch schwer tun – genau wie ihre Marken. Manchmal kann schon diese Gemeinsamkeit den Stein ins Rollen bringen.

So war es beispielsweise beim Versandhaus Otto, das im Gegensatz zur namhaften deutschen Konkurrenz auch heute noch gesund wirtschaftet und vor allem: existiert. Neben direkter Konkurrenz namens Amazon und zahlreichen spezialisierten Shops. Warum? Weil Otto die Zeichen der Zeit erkannt und stark digitalisiert hat.

Das Beispiel des Versandhauses ist schon deshalb spannend, weil die Digitalisierung in diesem Fall sehr naheliegend und sehr simpel war. Im Grunde hat Otto einfach nur den Katalog digitalisiert. Das haben andere allerdings auch getan und sind damit gescheitert – am prominentesten die ehemalige Hauptkonkurrenz und Ex-Marktführer Quelle. Was hat Otto anders gemacht?

Gleich mehrere geschickte strategische Schachzüge sind für den Erfolg verantwortlich. Der wichtigste war, dass Otto seine Millionen von treuen Kunden an die Hand und mit ins digitale Zeitalter nahm. Mit dem Geschäftsmodell wurden die Kunden gleich mit digitalisiert. Das adäquate Werkzeug hatte das Unternehmen mit den Callcentern schon: die Beratung von Mensch zu Mensch. Der Konzern verzögerte die Digitalisierung nicht aus Selbstschutz so lange wie möglich, vielmehr wurden die Kunden am Telefon zum digitalen Einkauf angeregt. Die Rechnung ging auf: Heute macht Otto bereits die Hälfte seines Umsatzes digital.

Zum anderen hat Otto sich der Transformation seiner Branche mit Haut und Haaren verschrieben. Dafür wurde eigens eine Expertenplattform gegründet, die sämtliche digitalen Aktivitäten der Otto Group erfindet und steuert: ROT4. »ROT4 sind die Menschen von Otto. Wir sind die, die eine Million Visits am Tag auf otto.de haben. Wir sind die, die seit 1995 den E-Commerce von morgen gestalten. Wir sind der Pionier einer ganzen Branche. Wir arbeiten an der digitalen Zukunft.«[121]

Das ursprüngliche Geschäftsmodell wird dadurch nicht etwa aufgeweicht, sondern zukunftsfit gemacht. Es wird erweitert, nach vorn gedacht, neu aufgestellt: als E-Commerce. Den gestaltet Otto proaktiv mit – und betrachtet sich zu Recht als Trendsetter auf dem deutschen Markt. »Otto – eCommerce seit 1995«, so der stolze Claim auf der Website.

Auch im Digitalen sind die Gewinner diejenigen, die ihre Kunden auf die Reise mit- und den Kompass selbst in die Hand nehmen, anstatt sich von Trends mitreißen zu lassen.

Das darf durchaus als Aufruf an den traditionellen deutschen Unternehmergeist verstanden werden, wie ihn Menschen wie Gründungsvater Werner Otto schon immer verkörperten, und den wir uns bis heute erhalten haben. Es scheint, als ob die Reisefreude und die Fokussierung auf das, was die Marke wirklich ausmacht, auch auf dem Weg zur Destination Digital eine gesunde Grundlage bilden. Wenn es Marken gelingt, ihre Fans, treue wie neue, auf ihre unternehmerische Reise mitzunehmen, gibt es wenig, das uns an der Digitalisierung schrecken müsste. Das Brandship-Gen ist in der DNA vieler deutscher Marken traditionell dominant.

Werner Otto beschränkte sich und sein Unternehmen nicht unnötig auf das alte Vertriebsmodell, als er 1949 in seinem ersten, handgebundenen Katalog 28 Paar Schuhe zum Versand anbot. Er krempelte seine Branche kurzerhand um, als die Zeiten und Mittel es hergaben. Schuhe im Versandhandel statt im Einzelhandel? Warum denn auch nicht! Und dann, nach und nach, auch all die anderen Waren.

Die wahren Unternehmer gestalten die Revolution auf ihre Weise mit und reden darüber. Das ist mal eine Tradition, an der wir festhalten können.

DEN KUNDEN AUF SEINER DIGITALEN REISE BEGLEITEN: GOPRO

»This is your life. Be a hero.«[122]

GoPro, der weltweit erfolgreichste Hersteller von Action Cams, ist der Pionier einer neuen digitalen Bewegtbild-Bewegung. Das US-Unternehmen ist eine jener Erfolgsgeschichten, wie etablierte Hersteller sie sehnsüchtig herbeiwünschen: Die Geräte haben absoluten Kultfaktor und verkaufen sich trotz ihres vergleichsweise hohen Preises millionenfach. Und das, obwohl das Unternehmen eben nicht sich, sondern ganz die Kultur des hausgemachten Action-Movies in den Mittelpunkt seiner Kommunikation stellt. GoPro, das ist heute schon mehr als eine Marke, nämlich ein Synonym für eine ganze Gerätekategorie, nein: eine Bewegung. GoPro und digitales Video – in den Segmenten Action, Sport, Freizeit bedeutet das praktisch ein- und dasselbe. Profis – auch Medienprofis – und Amateure gleichermaßen setzen die Geräte ganz selbstverständlich ein, um ihre wildesten Moves, ihre verrücktesten Stunts, ihre aufregendsten Momente in packende Bilder zu bannen.

Wie konnte aus einem unscheinbaren schwarzen Kästchen ein weltumspannender Trend werden – an den großen Kameraherstellern vorbei, die jahrzehntelang unangefochten die Bildmedien dominierten? Liegt es daran, dass die Geräte technisch so revolutionär wären? Liegt es am Patentschutz? Liegt es am unwiederholbaren Konzept? Ganz und gar nicht. Andere Hersteller sind technisch durchaus konkurrenzfähig. Es liegt daran, dass GoPro die ersten waren. Die Marke brachte den Megatrend selbst gefilmtes Action-Video ins Rollen. GoPro entstand aus einer Chance der Digitalisierung: aus der Möglichkeit für jedermann, sich mit Bewegtbildern in Szene zu setzen, ohne dafür noch ein Kamerateam zu brauchen. Einfach, komfortabel, in hoher Qualität zu filmen – auf dem Snowboard, auf dem Mountainbike, auf dem Motorrad, immer und überall.

Entscheidend ist nicht so sehr die Technik, sondern die Einbindung des einzelnen Users in die GoPro-Community. Mit Apps und Konto stellt GoPro seinen Fans eine Plattform zur Verfügung, in der sich alles um ihre Videos dreht. GoPro ist eine Bewegung mit enormem Sogfaktor für Sportfanatiker, Abenteuerurlauber, Action-Fans aller Art. Hier werden sie gesehen, hier werden sie gefeiert, hier sind sie Stars. Und GoPro macht's möglich – eine Marke wie eine Subkultur. Sie zieht Menschen aus aller Welt über gemeinsame Interessen an und beruft sich mit jeder kommunikativen Maßnahme darauf. Die Werbeclips setzen sich aus selbst gedrehten Videos von Profis und Amateuren verschiedener Disziplinen zusammen, die Spaß an ihrem Talent haben – und die Kamera ist einfach nur dabei. Die sozialen Netzwerke, auch außerhalb der offiziellen Markenkanäle, sind voll von GoPro-Videos. Jeder einzelne gepostete Clip ist eine Branded Story für sich, mit der das Unternehmen direkt nicht das Geringste zu tun und keinerlei Kosten hat. Indirekt aber doch sehr viel: den Brandship-Faktor.

Besser als bei GoPro kann digitale Markenkommunikation kaum noch laufen. Die Geräte sind inzwischen zu einem Werkzeug der Digitalisierung auch bei vielen anderen Marken geworden. Bei der Fashion Week sind Blogger mit den Kameras unterwegs, die gezielt von Marken beauftragt werden. Für ein großes Unternehmen ist es heute eine Kleinigkeit, mal eben 500 Spots mit GoPros und Micro Budgets bei freien Kreativen in Auftrag zu geben. Vorteil: Auf diese Weise entstehen mit einem Schlag Hunderte verschiedener digitaler Erlebniswelten, die so unterschiedlich sind wie die Kunden. Nebeneffekt: Hunderte Brand Ambassadors kümmern sich auf einmal um die Kommunikation der Marke. Auf diesem Wege entstehen auch neue digitale Karrieren, für die Unternehmen heute offen sein sollten. Diese Menschen sind am Puls des Digitalen und ihrer jeweiligen Communitys. Sie haben genau das Know-how und genau den kreativen Output, den die neuen Zielgruppen schätzen.

So ganz nebenbei ist GoPro also auch noch ein Pionier der digitalen Markenkommunikation geworden. Als Ermöglicher, der sich selbst gar nicht mehr in Szene setzen muss.

Was ist das Geheimnis? Eigentlich ist es sehr einfach: Bei GoPro ist der Kunde selbst der Held der Digitalisierung. Den traditionellen Kameraherstellern gelang es lange Zeit nicht, ihre Fans geschickt in die Digitalisierung mitzunehmen. Auch den Trend zum digitalen Bewegtbild verschliefen sie weitgehend. Dabei war das Bedürfnis längst da. Eine Marktlücke tat sich auf. GoPro hatte die rechte Idee zur rechten Zeit – und schlug ein wie eine Bombe. Die Geräte allein hätten wohl nicht ausgereicht, um so schnell so erfolgreich zu werden. Den Mega-Erfolg brachte die passende digitale Kommunikationsstrategie zum Produkt. Die Entscheider erkannten: Wir bauen Kameras, aber unser eigentliches Geschäftsmodell ist die digitale Community, die sie verwendet. Und Volltreffer.

An diesem Beispiel lassen sich sehr gut sowohl die Mechanismen als auch die Risiken der Digitalisierung ablesen: Es kommt darauf an, frühzeitig und proaktiv Trends zu besetzen. Es geht darum, das Digitale am eigenen Geschäftsmodell zu erkennen und in der Kommunikation in den Mittelpunkt zu stellen.

Nicht weniger, aber auch nicht mehr hat GoPro getan. Im Gegensatz beispielsweise zu Otto kam das Unternehmen nicht aus einem analogen Geschäftsmodell. Deshalb hat es seine Kunden weniger auf die digitale Reise der Marke mitgenommen, als sie vielmehr auf ihrer eigenen digitalen Reise begleitet.

Wenn die Klientel schon digital ist, muss man sie nicht erst mit digitalisieren. Vielmehr hat man die Chance, den Menschen auf ihrem Weg durch die Digitalisierung zu folgen und sich an ihren Bedürfnissen auszurichten.

Eine Erkenntnis, die besagtem Reiseveranstalter ein großes Stück weiterhelfen würde.

DIE PERSPEKTIVE DES DIGITALEN: »BAUER SUCHT CLOUD«

Das Digitale, ungeahnte Weiten: Manche Branchen hat die Digitalisierung völlig über den Haufen geworfen, andere sind durch sie überhaupt erst entstanden. Und doch gibt es einige, die im Digitalen nach wie vor nur einen Kanal sehen wie jeden anderen. Schließlich bäckt der Bäcker immer noch Brötchen, und die Milch kommt immer noch von den Kühen – manches kann auch die Digitalisierung nicht ändern.

Von wegen. »Der moderne Bauer kennt die Sense nur noch von der Google-Bildersuche. Er steuert stattdessen seine Mähdrescher per Computer«, schrieb die FAZ in einem Artikel unter dem Titel »Bauer sucht Cloud«.[124]

Das Beispiel des ältesten Geschäftsmodells der Welt[125] lässt keinen Zweifel daran, dass die Perspektive des Digitalen längst alternativlos für das unternehmerische Denken ist. Wer eine Firma ist, was sie antreibt und wohin sie sich entwickelt – das sind heute keine Fragen mehr, die nur die Kommunikationsabteilung oder die Werber angehen würden. Das sind Fragen, die sich in der digitalen Welt ganz neu stellen und anders beantwortet werden müssen. Die Antworten liefern weder Shareholder Value noch uniforme Kampagnen. Jede Marke muss ganz individuell neu nachdenken und sich neu erfinden. Ausgehend von den Möglichkeiten des Digitalen, aber nicht nur im Digitalen. Die Destination Digital ist mehr als der Ankerpunkt für die Kommunikationsstrategie: Sie ist eine Schicksalsfrage.

Der sich inzwischen sogar die Bauern stellen. Sogar sie haben erkannt: Bald wird jedes Korn auf unseren Feldern digital sein. Nicht im wörtlichen Sinne natürlich, aber doch im übertragenen: Landwirtschaft ohne Big Data wird in gar nicht so ferner Zukunft undenkbar sein.

Der Bauer ist durch die globalisierte, durchtechnisierte und weiterhin beinahe ungebremst wachsende Welt mit besonderen Herausforderungen konfrontiert: Er muss immer mehr Nahrungsmittel produzieren und soll dabei möglichst wenig Dünger, Medikamente und Pflanzenschutzmittel verwenden. »Das funktioniert nur mit einer smarten, digitalisierten Landwirtschaft«, zitierte die FAZ den zuständigen Berliner Minister Christian Schmidt.[126] Und deshalb wird auf dem Traktor bald das Tablet mitfahren und der Hof in der Cloud verwaltet werden. SAP ist schon dran: Dort wird längst an Wegen gearbeitet, mithilfe von Big Data Chemikalien sozusagen mit der Pipette zu dosieren anstatt mit dem Eimer – so viel wie nötig, so wenig wie möglich.[127]

Wetterdaten, Bodendaten, Niederschlagsmengen, Temperaturen, Geopositionen – all das sind zukünftig Anwendungsfälle für Big Data in der Landwirtschaft. All diese Daten werden in der Cloud ausgewertet und direkt an intelligente Landmaschinen weitergeleitet. Und auch die Landwirte, die sich damit schwer tun, werden keine andere Wahl haben, als sich mit der Digitalisierung ihrer Branche zu arrangieren. Anders werden sie nicht wettbewerbsfähig bleiben. So wie Marken in allen anderen Märkten auch.

Zwischen der Digitalisierung der Landwirtschaft und der Digitalisierung im Rahmen der Markenkommunikation lassen sich durchaus Parallelen ziehen: Auch die Agenturen und Marketingbeauftragten müssen beim Viral Seeding optimalen Content extrem gezielt säen, damit er am richtigen Ort auf fruchtbaren Boden fällt, besser aufgehen und sich optimal verbreiten kann. Wir müssen optimale Rahmenbedingungen schaffen, um noch effektivere, noch bessere Ergebnisse zu erzielen. Pipette statt Gießkanne: Das gilt für den erfolgreichen Mediaplan von Marken zukünftig genauso wie für den Landwirt.

Und Brands wie Bauern sind dabei zukünftig immer stärker abhängig von Big Data. So gezielt, wie die Digitalisierung es ermöglicht und eben auch erfordert, lässt sich nur mit permanentem Tracking von Trends und Bedürfnissen arbeiten: unter Auswertung der individuellen Datenlage in Echtzeit. Genau die optimale Menge von genau dem, was gebraucht wird, genau da, wo es gebraucht wird. In der Fischerei genauso wie in der Landwirtschaft genauso wie im Versandhandel genauso wie in der Markenkommunikation.

Die Paten der Digitalisierung haben das längst erkannt. So schickt sich Google mit dem Projekt Nest nicht nur an, das Zuhause zu vernetzen. Der digitale Goliath versetzt sich damit vor allem in die Lage, seinen Partnern noch genauere und noch aktuellere Daten über die Menschen zu liefern. Wie schon mit der Suchmaschine positioniert sich der Konzern damit vor allem als omnipotenter Dienstleister für Marken: Google kann uns zukünftig noch präziser sagen, was bei den Leuten gerade so läuft.

Achtung, Big Brother? Diese Diskussion wird sich mit der Zeit von selbst erledigen. Das ist die alte Welt, die über die neue Welt redet. Eine Übergangsphase. Big Data ist nicht aufzuhalten. Die Algorithmen werden auf den Feldern und in unseren Schlafzimmern sein, und wir werden uns daran gewöhnen. Wir werden Wege finden, damit umzugehen, die allen zugutekommen.

Sinus-Milieus und Stilgruppen werden wir dann nicht mehr brauchen, denn als Marken werden wir permanent individuelle Informationen über den einzelnen Kunden zur Verfügung haben und ihn entsprechend individuell ansprechen können. Die Daten ermöglichen eine noch stärkere Aufsplittung von Bedürfnissen und geeigneten Maßnahmen. Zwangswerbung, sei es durch Banner oder im Werbeblock, wird dann schlicht überflüssig sein – und auch nicht mehr akzeptiert werden.

Weil wir selbst im Digitalen reisen, gibt es auch immer mehr Informationen über uns. Die Informationen sind da – und bergen alle Chancen für den, der sie zu nutzen weiß. Diese Perspektive des Digitalen müssen wir als Marken ins Zentrum aller Überlegungen stellen, wenn wir die Reise zu unserer Destination Digital antreten. Wir müssen Kommunikationskonzepte erarbeiten, die so individuell sind wie die Kunden.

DIE EIGENE MARKE DIGITALISIEREN:
TIPPS FÜR NACHHALTIGE STRATEGIEN

Unsere Aufgabe als Brandbuilder besteht darin, das Digitale an unserer Marke zu entdecken, zum zentralen Entwicklungsansatz des Unternehmens zu erklären und dann darüber zu reden – online wie offline.

Interessanterweise ist die Kommunikation also das Handlungsfeld innerhalb der Marke, in dem das Digitale noch am stärksten verhandelbar ist. Viele analoge Marken packen die Digitalisierung derzeit noch genau andersherum an.

Dass die Online-Kommunikation Bestandteil fast jeder zeitgemäßen Mediastrategie sein muss, steht längst außer Frage. Die Anteile sind jedoch variabel und liegen im Schnitt noch immer weit unterhalb der Nutzung anderer Medien. Die Frage nach der passenden Digitalstrategie allein mit digitaler Kommunikation zu beantworten, greift aber nicht nur aus diesem Grund zu kurz. Sondern auch deshalb, weil die Digitalisierung nie ein reines Kommunikationsthema ist und sein darf. The medium is *not* the message.

BRANDSHIP-FAKTOR DIGITALISIERUNG

ALLE MARKEN MÜSSEN SICH IM ZUGE IHRER DIGITALISIERUNG NEU ERFINDEN UND KÖNNEN DEN WEG ZU IHRER DESTINATION DIGITAL ZUM THEMA IHRER KOMMUNIKATION MACHEN – IN DIESER REIHENFOLGE.

MACHEN SIE DIE DIGITALISIERUNG IHRER MARKE ZU EINER
_____ ERFOLGSGESCHICHTE, DIE FANS UND PARTNER MITREISST:

· *Digitalisieren Sie Ihre Marke, nicht nur Ihre Kommunikation!* Digitale Maßnahmen bleiben ohne eine organisch gewachsene digitale Botschaft wirkungslos. Die Digitalisierung wird zum zentralen Entwicklungsansatz, dem die Kommunikation logisch folgt.

· *The medium is not the message!* Die gesamte Kommunikation auf digital umzustellen ist in den seltensten Fällen die geeignete Maßnahme. Die Kanäle müssen zur Botschaft passen, nicht umgekehrt.

· *Kochen Sie lieber experimentell als nach Rezept!* Jede Marke muss ihren eigenen Weg ins Digitale finden. Nehmen Sie lieber Reibungsverluste beim Experimentieren in Kauf als viel Geld in Me-too-Strategien zu versenken. Copycats haben keine Chance.

Was die Kommunikation dagegen tun kann und muss: Den individuellen Digitalisierungsansatz der Marke als transparente, innovative und unterhaltsame Branded Story transportieren. Als Bestandteil oder in Kombination mit der Kultur, spannenden Partnern und gemeinsamen Interessanzfeldern bietet die Digitalisierung eine weitere Goldmine für authentischen Content, der sich mit den Interessen der Fans überschneidet und geeignet ist, die Marke als Trendsetter zu etablieren.

Genauso wie für alle Brandship-Faktoren gilt auch für die Digitalisierung: Das Standardrezept gibt es nicht. Die Digitalisierung ist ein Weg, den Marken gehen müssen. Sie können ihn nicht überspringen. Sie brauchen den Mut zum Ausprobieren. Digital bedeutet für jedes Unternehmen etwas anderes. Deshalb müssen Kommunikationsprofis sich für ihre Marke zwingend fragen: Was liegt bei uns im Kontext der Digitalisierung? Wie können wir ihr auf unsere Weise gerecht werden? Was ist digital an einem Hauskauf oder an einem Stück Butter?

Nike pflanzt Chips in seine Schuhe, um das Produkt zu digitalisieren und an eine hauseigene Plattform zu binden. Fitnessarmbänder und Apps digitalisieren ebenfalls das Geschäftsmodell Sport. Digitalisierte Bauernhöfe lassen die Kunden online »ihre« Schweine füttern. Die klassischen Bio-Supermärkte könnten dagegen schon bald Geschichte sein, denn auch sie lässt das Schicksal des konservativ-analogen Einzelhandels nicht unberührt. Google schluckt Nest, um auch die letzten nicht digitalisierten Winkel frühzeitig für den Handel mit Informationen zu erschließen.

Andere digital denkende Unternehmen werden mit anderen Produkten das Gleiche tun und noch viel mehr. Wer diese Entwicklung verpasst, ist weg vom Fenster. Für uns Kreative bedeutet das, dass wir unseren Kunden konsequente Digitalisierungsstrategien schuldig sind, die eben nicht nur die Kommunikation betreffen. Kreativität setzt im Zuge der Digitalisierung bei Vertriebswegen, Produktionsmethoden und Dienstleistungsmodellen an. Wir brauchen neuen Wein in neuen Schläuchen, nicht das eine oder das andere.

Ganz egal, ob wir uns als Digitalagentur verstehen, als Allround-Agentur oder als kreative Unternehmensberatung: Auch wir Brand-Experten sind unterwegs zu unserer eigenen Destination Digital. Auch wir können und müssen über die sinnvolle Digitalisierung unserer Lebensläufe nachdenken.

Für die Deutsche See ist die Datenautobahn der logische nächste Schritt nach der Lachsautobahn. Diese entspannte Konsequenz können wir alle an den Tag legen: Die Digitalisierung ist

> Die Digitalisierung ist genauso eine Revolution wie die Industrialisierung und die Automatisierung. Wahrscheinlich eine noch umfassendere und folgenreichere.

genauso eine Revolution wie die Industrialisierung und die Automatisierung. Wahrscheinlich eine noch umfassendere und folgenreichere.

Die Frage nach ihrer Destination Digital ist für jede Marke eine Schicksalsfrage. Hören Sie auf, nach dem goldenen digitalen Ei zu fragen. Fangen Sie an, sich die richtigen Fragen über die Digitalisierung zu stellen, also: über das Digitale an Ihrer Marke.

Vielleicht können Sie dann wie Gerd Heinemann in 40 Jahren stolz zu Ihren Enkeln sagen: Meine Marke gibt es noch. Nur dass Ihre Enkel – im Gegensatz zu denen von Gerd Heinemann – keine Erinnerungen an eine rein analoge Markenwelt haben werden.

DIE NEUE FREIHEIT:
COMMITMENT
DURCH CONTENT

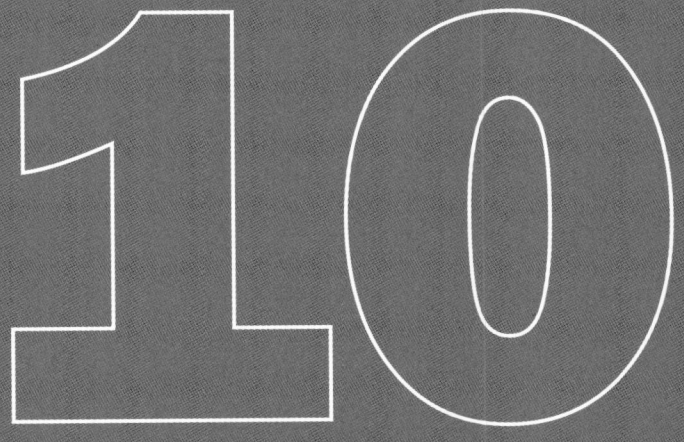

Ein perfekter Werbeblock verfehlt im Fernsehen seine Wirkung, wenn er alle paar Minuten von einem unverständlichen Spielfilmteil unterbrochen wird.[128]

Das inoffizielle Leitmotto der alten Werbeära stammt von Loriot. Ausgerechnet. Er meinte es ironisch. Jedenfalls ist stark davon auszugehen. Die Werber – eher nicht. Denen war es todernst mit dem Fernsehen.

Für mehrere Generationen von Werbern war Fernsehen das eigentliche Geschäftsmodell: die Krone ihrer Kunst. Das Geschäft des Werbens war in erster Linie ein politisch zentriertes Mediengeschäft. Im Wesentlichen hatte es zwei Sparten: Print und TV. TV war das, was wirklich zählte. Die Experten in den Agenturen richteten all ihre Anstrengungen darauf aus, ihre Inhalte möglichst optimal in Werbeblocks zu positionieren. Nicht nur in den Strategien, auch in den Etats war die teure Platzierung der TV-Flights das zentrale Element, das den Großteil der Energien und Budgets verschlang.

Natürlich hatte das politisch zentrierte Mediengeschäft ein hübsches Etikett: Auf dem Schild, das vorm Laden baumelte, stand immer »Kreativität«.

Heute sind wir – immer noch Kreative. Natürlich. Vielleicht sogar mehr als je zuvor. Der Unterschied: Früher war das, was »kreativ« hieß, in Wirklichkeit ein durchkalkuliertes Strategiemodell. Die Inhalte richteten sich nach der Form: Klar mussten die Werbeblogs auch mit guten Ideen gefüllt werden. Letztlich ging es aber darum, im Werbeblock die besten Plätze zu ergattern. Wer über diesen Kanal die meiste Awareness abgriff, war der Größte.

Heute geht es eben nicht mehr nur um den Werbeblock. TV ist nicht mehr das Leitmedium. Und auch der Werbeblock ist nicht alternativlos. Heute funktioniert die Ratio andersherum: Statt des Leitmediums zählt heute der Leitgedanke, der auf allen Kanälen funktioniert.

Für Markenmacher bedeutet das: vom Content her denken, nicht vom Mediageschäft her. Die Medienstrategie ordnet sich dem Content unter, nicht umgekehrt. Die eine zündende Idee für den einen alles beherrschenden Spot im Werbeblock verschafft einer Agentur nicht mehr den Zuschlag und der Marke nicht mehr allein den Markterfolg. Was früher einen »kreativen« Werber ausgemacht hat, ist heute so aktuell wie ein Arschgeweih.

Im Prolog zu diesem Buch habe ich es schon angedeutet: Kreativität, das ist ein Begriff, den wir mit neuen Inhalten füllen müssen.

Vor einigen Jahren erlebte ich an einem Round Table bei einem großen deutschen Lebensmittelhersteller mit, wie sich ein Creative Director um Kopf und Kragen redete. »Das Key Visual ist tot!«, knallte er dem potenziellen Kunden an den Kopf. Und hatte vollkommen Recht. Leider war zu früh für seine Botschaft. Nur den Etat war er leider los. Hut ab, Kollege.

Inzwischen mag sich (noch) nicht alles geändert haben, doch die Markenkommunikation und die Werbewelt haben seither große Schritte gemacht. Nicht, weil wir nicht mehr »kreativ« arbeiten würden. Sondern weil sich mit einer genialen Kampagnenidee allein inzwischen tatsächlich nichts mehr reißen lässt. Oder sagen wir mal: Immer seltener. Der große kreative Wurf – das ist nicht mehr zeitgemäß. Kampagnen sind nicht mehr contemporary. Passen Sie auf, dass Sie sich nicht die Zunge brechen, wenn Sie diesen Satz laut aussprechen. Manchen Agenturen hat er schon den Hals gebrochen.

Contemporary Content ist etwas ganz anderes als die »kreativen« Kampagnen-Ideen der Vergangenheit. Content ist nämlich auch so ein Wort, dem wir neue Bedeutung geben müssen. Content hat heute eine völlig andere Bedeutung als noch vor einigen Jahren. So wie Kreativität.

Wir alle suchen nach Contemporary Content. Wir alle experimentieren mit unterschiedlichen Strategien. Wir alle probieren neue Partner aus. Wir alle müssen uns auf die neuen Anforderungen unserer Kunden einstellen. Wir alle müssen plötzlich sehr flexibel sein. Nur worum geht es bei diesem Wandel eigentlich? Was stellen wir an mit dem neuen Content, der all den Anforderungen gerecht wird, die in diesem Buch schon thematisiert worden sind? Und an welche strategischen Leitplanken können wir uns als Kreative halten, wenn nicht an das gute alte Leitmedium TV?

FLEXIBLER CONTENT FÜR UNABHÄNGIGE MARKEN

Früher waren wir als Werber vor allem die Erklärbären der Unternehmen. Wir sollten den Verbrauchern die Produkte übersetzen und damit einen Habenwollen-Reflex auslösen. Das war der Aufhänger für die Kreativität im Werbeblock. Je nach Produkt funktioniert das heute immer noch leidlich.

Bei immer mehr Konsumenten liegt die Reizschwelle jetzt aber viel höher. Heute springen wir zu kurz, wenn wir einfach nur das Produkt genial erklären, mit einer wahnsinnig kreativen Kampagnen-Idee. An den gesättigten Märkten von heute müssen wir bei den Menschen erst mal eine Bereitschaft erzeugen, sich überhaupt noch mit den Produkten auseinanderzusetzen.

Wir haben es schon festgestellt: Mit USP allein klappt das nicht mehr. Als Werber sind wir heute endlich auf Augenhöhe mit den Höhlenmalern von Lascaux angekommen. Keine Sorge, ich meine das positiv: Wir tun das gleiche wie unsere kreativ veranlagten Vorfahren. Wir erzählen nämlich Geschichten. Die Branded Storys mit ihren Erlebniswelten, ihren neuen Protagonisten, ihrer Insider-Perspektive und ihrem Kulturverständnis sind Dreh- und Angelpunkt einer jeden Strategie. Damit geht eine Menge Aufmerksamkeit weg vom Medium und hin zu den Inhalten. Content ist das neue Schwarz.

Endlich. Endlich können wir aufhören, Werbeblock für Werbeblock mit der immer gleichen Awareness-Dröhnung zu füllen. Manche Werbung war schon immer unterhaltsam. Neu ist, dass sich Werbung und Entertainment einander ganz gezielt annähern. Relativ neu ist auch, dass sich beide der gleichen Strategie bedienen: Storytelling. Und neu ist vor allem, dass diese Storys viel wichtiger sind als die Produkte.

Statt USP rücken beim Content in den Vordergrund: Unterhaltung und Mehrwert. Beide sind eben nicht an das Medium gebunden, sondern an die Interessen und Bedürfnisse der Menschen. Unterhaltung und Mehrwert sind Content-Strategien, die bezüglich ihrer Verbreitung gänzlich flexibel sind. Je nach Ausprägung der Strategie und Bedürfnis der Zielgruppe sind sie eben nicht zwingend im TV am besten aufgehoben. Schon deshalb nicht, weil der 30-Sekunden-Spot exklusivem Content enge Grenzen setzt. In vielen Fällen: viel zu enge Grenzen.

Wir müssen die alten Fesseln des Mediengeschäfts lösen und uns neu committen. Dieses Wort ist im »Managersprech« beinahe schon zu Tode gedudelt worden – meist in einem Atemzug mit »Motivation«. Im Kontext der Markenkommunikation hat »Commitment« allerdings einen ganz anderen Klang. Wenn eine Marke sich zu ihrer Botschaft und zu ihren Fans bekennt, dann hat das umwälzende Auswirkungen darauf, wie sie ihren Content entwickelt *und* verbreitet.

Content machen heißt heute kanalübergreifend Geschichten erzählen. Exklusive Unterhaltung, die direkt mit der Marke assoziiert wird: Das ist das erste Merkmal von Contemporary Content. Diese Unterhaltung nicht in Form klassischer Werbung im Werbeblock an die Synapsen zu pusten, sondern über Content-Plattformen, die die Marke idealerweise selbst kontrolliert, das zweite.

WENN MARKEN ZU MEDIEN WERDEN – UND MEDIEN ZU MARKEN

Das Beispiel Servus TV zeigt, wie hoch Marken heute den Stellenwert von hausgemachtem Content ansiedeln. Hier wird die klassische Kampagnen-Idee ganz einfach überflüssig. Warum teure Sendeplätze im Werbeblock einkaufen, wenn man auch gleich einen eigenen Sender auf die Beine stellen kann?

Dietrich Mateschitz, Gründer von Red Bull, bewies einmal mehr sein Gespür für Trends, als er 2007 den Löwenanteil am österreichischen Privatsender Salzburg TV erwarb. Damals wurde er für diese Entscheidung schief angeschaut: Was will der Hersteller eines Energy Drinks denn bloß mit einem Fernsehsender?

Stopp: Wenn man die Frage so stellt, ist man direkt auf der falschen Fährte. Dietrich Mateschitz ist genauso wenig ein Brausehersteller wie Red Bull ein Getränk ist. Red Bull ist eine Marke. Spätestens seit Mateschitz seinen Landsmann Felix Baumgartner vor den Augen der Weltöffentlichkeit aus der Stratosphäre springen ließ, sogar eine globale Marke. Hunderte Millionen Menschen sahen dabei zu. Allein bei YouTube wurde das Video[129] bis heute beinahe 40 Millionen Mal aufgerufen. Es darf als Meilenstein der Markenkommunikation gelten.

Bemerkenswert daran ist, dass es eben nicht die erfolgreichste aller Kampagnen ist – weil es gar keine Kampagne ist. Der Stratosphärensprung ist ein Beispiel für Contemporary Content. Der Energy Drink spielt dabei überhaupt keine Rolle. Und doch denkt jeder, der Felix Baumgartner springen sieht, automatisch an den Slogan der Marke. Sehen Sie, ich muss ihn nicht mal zitieren.

Servus TV ist ein weiteres Experiment aus dem österreichischen Content-Labor. Das Programmprofil des Senders lässt keinerlei Rückschlüsse auf das ursprüngliche Produkt der Marke zu. Es ist ein Fernsehsender wie jeder andere auch; regional gefärbt mit österreichischen Themen, zeitgemäß lifestylig und in variabler Mischung unterhaltend und dokumentarisch. Servus TV lebt nicht von werbendem Content, sondern wirbt mit produktunabhängigem Content.

Und das war für Red Bull nur der Anfang. Auch Servus TV, inzwischen von den offiziellen Instanzen als legitimer TV-Sender mit Vollprogramm anerkannt, ist nur eines von vielen Standbeinen des Red Bull Media House. Die Medienmarke in der Marke hat Programmlieferverträge mit Fox Sports, dem Sportsender von Rupert Murdoch, der alle Red Bull World Series in den USA überträgt. Die gibt es inzwischen immerhin in vier Sportarten – denn Sport ist eine sehr attraktive Form von Content mit hohen Einschaltquoten. Deshalb ist Mateschitz auch Partner eines der größten Formel-1-Teams mit mehreren Weltmeisterschaftstiteln. Neben Servus TV gibt es in Österreich und Deutschland auch noch die Heimatzeitschrift Servus, die mit ihrer sechsstelligen Auflage inzwischen manchem etablierten Monatsmagazin Konkurrenz macht. Mit Ecowin hat der Konzern sich auch einen Verlag einverleibt.[130]

Warum dieser gigantische Aufwand und das monströse Risiko, nur um mit neuen Content-Formen zu experimentieren? Servus TV lohnt sich bisher nicht einmal. Vielmehr ist es bisher ein einziges Verlustgeschäft. Dennoch hält Mateschitz daran fest und baut sein Medienimperium ungeachtet der Kosten und Risiken fleißig weiter aus. Warum? Weil er weiß, dass Marken in Zukunft von ihrem Content leben.

Content wird bei Red Bull nicht mehr klassisch gedacht, also im Sinne eines Slogans (den die Marke auch hat und den jeder kennt) oder einer witzigen Kampagnenidee (die die Marke auch schon hatte und die jeder kennt) sondern im Sinne eines Mehrwerts. Der Content von Red Bull ist unabhängig vom eigentlichen Produkt, er verweist nur noch darauf. Klar hat Felix Baumgartner im übertragenen Sinne Flügel. Ausgesprochen werden muss das aber nicht mehr.

Der Content selbst ist der eine Grund, warum das Kommunikationskonzept von Red Bull so contemporary ist. Der andere ist, dass Servus TV ein Fernsehsender ist, der das Fernsehen nicht mehr zwingend braucht. Die Verbreitung folgt dem Plattform-Gedanken: Alle Inhalte lassen sich genauso online über die Website konsumieren. Oder über die App. Oder den YouTube-Kanal. Das Medium ist zweitrangig geworden.

Auch bei diesem Trend war Servus TV schneller als die meisten Fernsehsender. Inzwischen sind auch sie auf den Trichter gekommen und drängen massiv ins Netz. Die ProSiebenSat.1-Gruppe setzt inzwischen auf eine umfassende Digitalstrategie: Mit MyVideo gehört der erste Online-TV-Sender Deutschlands und mit Maxdome der derzeit größte deutsche Online-Video-Verleih zum Multimedia-Tochterunternehmen ProSiebenSat.1 Digital. Musikstreaming-Angebote, mobile Apps und sogar Mobilfunktarife zeigen, dass selbst die Fernsehsender längst an Alternativen zum Medium Fernsehen arbeiten, um zukunftssicher zu werden. Und vor allem daran, sich als Marken zu etablieren, die zukünftig noch als Content-Lieferanten mithalten können.

Warum? Weil der spannendere Content zunehmend von Nicht-Medienmarken kommt. Von Unternehmungen wie der von Jeff Bezos mit der Washington Post ganz zu schweigen. Die Content-Strategien von Marken wachsen derart stark in ihrer Bedeutung, dass die klassischen Content-Medien sich ernsthaft in ihrem Geschäftsmodell bedroht sehen.

Ein Zeichen, dass das Commitment durch Content funktioniert: Manche Marken holen über ihre Plattformen die Zuschauer inzwischen besser ab als die Fernsehsender. Weil sie sich, im Gegensatz zu den Fernsehsendern, schon heute konkret auf individuelle Interessenlagen fokussieren. Am Content-Markt der Zukunft, jenseits der Trennung von werbenden und redaktionellen Inhalten, haben die Marken die Nase vorn, die ihr Commitment gegenüber den Fans glaubwürdig ausfüllen. Darüber entscheidet allein der Content.

Genauso flexibel wie bei den Kanälen sind die Menschen nämlich auch bei der Auswahl der Inhalte, die sie konsumieren: Wir schauen zunehmend selektiv. Niemand muss heute mehr zwingend den Fernseher einschalten, um sich bedürfnisgerecht unterhalten zu lassen. Wer genau weiß, was er sehen will und was nicht, findet immer weniger gute Gründe, ausgerechnet bei einem klassischen Fernsehsender zu suchen. Tot ist das Fernsehen deshalb noch längst nicht. Brandbuilder wie Dietrich Mateschitz setzen neben andern Kanälen nach wie vor zu Recht darauf. Um Aufmerksamkeit für bestimmte Botschaften bei bestimmten Kunden zu generieren, ist Fernsehen nach wie vor einer der stärksten Kanäle. Zweitrangig ist in Zukunft nicht unbedingt das Fernsehen, sondern das Abspielgerät. Wie andere Medien auch erfindet sich das Fernsehen derzeit neu. Live-Formate und People-Formate füllen immer größere Programmblöcke. Wir werden immer Entspannungsmedien konsumieren – und sei es nur als Ambiente-Faktor oder als heimelige Geräuschkulisse, um uns in einsamen Stunden nicht sozial isoliert zu fühlen. Angebote wie Servus TV und die digitalen Plattformen der etablierten Sender sind die Vorboten einer weiteren Branche im Wandel, deren Überleben allein von der Kreativität ihrer Macher abhängt. Und das heißt: von ihrem Content.

Dass eine kanalorientierte Medienstrategie keine umfassende Marktabdeckung mehr erzielen kann, liegt im Wesen der neuen Medienvielfalt begründet. Jeff Jarvis, meinungsstarker Journalismusprofessor und kritischer Medienbeobachter, hatte beim Journalismusfestival in Perugia im April 2015 eine sehr klare Botschaft für die Massenmedien. Sie ist nicht weniger folgenreich für die strategische Markenkommunikation: »Man kann nicht alles für alle machen.« Medien müssten aufhören, die Medienkonsumenten als Masse zu sehen, und sich spezialisieren, so Jarvis. Denn durch soziale Medien und neue Technologien entstünden Interessengruppen, die zielgerichtet informiert werden wollen.[131]

Das ist ja gerade das Schöne an Content, der einem interessenbasierten Commitment folgt: Die Nutzung der Kanäle ist völlig adaptiv. Dadurch werden innerhalb der Markenwelt sogar Hierarchien eingerissen, die im Zeitalter des allmächtigen TV-Werbeblocks unverrückbar waren. In der neuen Medienwelt können auch kleine Marken vorn mitspielen. Sie können statt mit Fernsehsendern mit YouTube-Kanälen und statt mit Magazin-Journalisten mit Bloggern kollaborieren. Alternativ können sie mit geringem Aufwand eine eigene Plattform auf die Beine stellen und durch geschicktes Streuen von Dateien große Wirkung erzielen.

Wie gut das funktionieren kann, zeigt die Agenturerfahrung daran, dass auch die finanzstarken Marken sich mehr und mehr auf diese Strategien berufen: Längst hat das Fernsehen immense Budgets verloren, die stattdessen in neue Kanäle gesteckt werden. Zukünftig kann manche Marke auf das Fernsehen eher verzichten als auf die 100 Blogger, die auf dem gemeinsamen Interessanzfeld zentrale Multiplikatoren sind. Ganz gleich, ob es sich dabei um einen eher unterhaltenden oder eher informierenden Ansatz handelt.

Markenkommunikation, das bessere Entertainment? Es sieht ganz danach aus, als ob Marken, die sich kompromisslos dem Content verschreiben, den Leitmedien zunehmend das Wasser abgraben. Kein Wunder also, dass die Fernsehsender inzwischen dazu übergehen, Beteiligungen an neuen Medienmarken einzukaufen. Es bleibt ihnen schlicht nichts anderes mehr übrig.

Medien gleich welcher Sparte sind gezwungen, sich den neuen Contentformen angemessen zu konfigurieren. Weil Markenkommunikation immer mehr auf den Informations- und Unterhaltungsbedarf der Menschen eingeht, rückt sie zunehmend in den Fokus verschiedenster Zielgruppen, die ihren Bedarf früher bei klassischen Medien erfüllt sahen.

Für letztere muss das keinesfalls den oft prophezeiten Sturz in die Bedeutungslosigkeit nach sich ziehen. Wenn Marken zu Inhaltslieferanten für diverse Zielgruppen werden, fällt Medien organisch die Rolle des Schiedsrichters zu. Sie können von ihrer Aufstellung als Content-Experten profitieren und sich als filternde Instanzen neu bewähren, indem sie sich selbst als Marken für bestimmte Interessanzfelder etablieren. Natürlich geht damit die Notwendigkeit einher, sich die richtigen Partner zu suchen: Marken, die zur eigenen Marke passen.

Marken brauchen das Medium – das war schon immer so. Neu ist, dass Medien Marken nicht nur als zahlende Werbekunden brauchen, sondern auch als Content-Lieferanten, um den Bedarf ihrer Zielgruppe an spezifischen Inhalten angemessen bedienen zu können. Die grassierende Angst vor den Abhängigkeiten, die dabei entstehen, wird verfliegen. Tatsächlich lässt die offene, gezielte Kooperation von Medien und Marken auf mehr Transparenz am Informationsmarkt hoffen, als wir gegenwärtig genießen. Abhängig waren die meisten Medien durch ihr Anzeigengeschäft nämlich schon immer. Der Umbruch am Content-Markt zwingt alle Beteiligten, vorhandene und neue Allianzen intelligent zu moderieren. Eine große Chance liegt darin, die Kollaboration offen zu thematisieren und als Vorteil herauszustellen.

Vieles deutet also auf ein konstruktives Miteinander von Marken und Medien hin. Für die Rezipienten zählt letztlich, wer ihr konkretes Informations- oder Unterhaltungsbedürfnis am besten erfüllt. Was das für die Qualität der Inhalte bedeutet, ist Interpretationssache. Wer den Kunden als Maßstab anlegt, wird darin jedenfalls eine große Chance entdecken. Ein differenzierterer Markt mit neuen strategischen Allianzen bietet mehr Spielraum für heterogenen Content als einer, der zwanghaft dem Mainstream hinterherlaufen muss, um zu überleben. Das Schicksal von *Wetten, dass..?* und anderen Formaten, die ihrer Zeit nicht entfliehen konnten, ist dafür ein deutlicher Beleg.

Professionell und zeitgemäß kommunizierende Marken wird es so sicher geben wie das Amen in der Kirche. Welche Rolle die tradierten Medienmarken am Informationsmarkt zukünftig spielen, hängt allein von deren Flexibilität ab. Auch sperriger und kritischer Content kann mehr Raum bekommen als je zuvor, wenn Medienmarken sich je nach Profil die richtigen Partner dafür suchen.

Marken zu Medien und Medien zu Marken: Alles dreht sich um den Content. Die Frage nach den Kanälen ist keine Entweder-oder-Frage mehr, sondern eine des Sowohl-als-auch. Eine Feststellung, die sich auf alle Unternehmensbereiche erstreckt, die mit Kommunikationsaufgaben betraut sind.

CONTENT MARKETING UND ANDERE GÜTESIEGEL: DER WEISHEIT LETZTER SCHLUSS?

2013 schrieb das Handelsblatt: »Red Bull ist heute das weltweit beste Beispiel für Content Marketing.« Und lieferte die Definition für das schwer hochgejubelte Allheilmittel der Markenkommunikation gleich mit: »Dieses Marketingkonzept besagt, dass Markenartikler ihre Zielgruppen viel besser mit redaktionellen Inhalten erreichen und so die Marke und den Abverkauf steigern.«[132]

Content Marketing hat sich zu einem Hype entwickelt. Aus gutem Grund stellt Kommunikations- und Contentstrategieberater Klaus Eck fest: »Wenn eine Werbekampagne die smarten Konsumenten nicht mehr erreicht, stellt das für Unternehmen eine große Herausforderung dar und verstärkt die Suche nach Alternativen. Der Hype um Content-Marketing ist die Folge.«[133]

Das kann als gesunde Skepsis gelesen werden. Was heute alles unter Content Marketing verstanden wird, kann morgen nämlich schon widerlegt oder als wirkungslos entlarvt sein. Viele Unternehmen sehen im Content Marketing eine Art Allheilmittel – und geben sich mit einer beliebigen Strategie, etwa auch einer schlichten Social-Media-Strategie zufrieden, die als Content Marketing etikettiert ist.

> Content-Marketing ist *ein* Werkzeug zeitgemäßer Markenkommunikation – und fraglos ein wirkungsvolles.

Irgendwelchen Content in irgendwelche Kanäle zu schießen, ist aber noch kein Content Marketing. Und eine Content Marketing-Strategie, selbst eine gezielte und professionelle, ersetzt noch keine übergreifende Kommunikationsstrategie – und kann deshalb auch nicht das gesamte Spektrum der Markenkommunikation abdecken, geschweige denn ersetzen. Content

Marketing ist immer noch Marketing und keine allein selig machende Content-Strategie. Es ist *ein* Werkzeug zeitgemäßer Markenkommunikation – und fraglos ein wirkungsvolles.

Der Content ist der gemeinsame Nenner für alle Maßnahmen, Content-Marketing eingeschlossen. Deshalb gilt für dieses Tool das gleiche, was auch für die übergeordneten Strategien gilt, die in diesem Buch beschrieben worden sind: Langfristige und belastbare Markenbindung kann nur Content erzeugen, der aus der DNA der Marke erwächst und das ganze Unternehmen durchdringt.

Klaus Eck rät Unternehmen exemplarisch für das Content Marketing deshalb zur Aufgabe des klassischen Abteilungsdenkens. Seine Argumentation lässt sich auf alle Kommunikationsaufgaben übertragen:

>»Wenn Unternehmen gutes Content Marketing machen wollen, sollten sie zuerst das Silodenken abschaffen. Es ist schon längst an der Zeit abteilungs- und bereichsübergreifend zu denken und zusammenzuarbeiten. […] Ziel ist es, den Stakeholdern zum jeweils richtigen Zeitpunkt relevanten Content bereitzustellen.«[134]

Was hier anklingt, ist die Beobachtung, dass viele Unternehmen es sich zu einfach machen, indem sie auf Universalrezepte vertrauen, die nicht auf den Markenkern einzahlen. Auch darauf weist Klaus Eck hin: Ein Blogposting, ein Tweet oder ein Video sind verschwendete (und mitunter teure) Maßnahmen, wenn sie dem Kunden keinen Mehrwert bringen und der Marke keinen Vorteil verschaffen.

Mit dem Content-Marketing ist es ähnlich wie mit vielen TV-Flights der Vergangenheit: Jeder macht es, jeder springt auf den Zug auf und viele Akteure schmücken sich mit dem Titel eines Spezialisten auf diesem Spielfeld. Ob es im Einzelfall funktioniert, ist eine ganz andere Frage. Nicht das Etikett ist entscheidend für die Wirkung, sondern die Qualität des Contents. Je mehr Strategien es gibt und je mehr sie gehypt werden, desto größer ist die Gefahr, sich auf die Methodik zu verlassen anstatt auf die Substanz.

Auch als Kreative, ob inhouse oder extern, sind wir gut beraten, uns nicht voreilig das Spezialisten-Etikett aufzukleben. Die Entwicklung der letzten

Jahre hat gezeigt, dass nicht die maximale Media-Spezialisierung als Allein-stellungsmerkmal zieht, sondern die Fähigkeit, Marken kanal- und strate-gieübergreifend zur Seite zu stehen. Der Hype ums Content-Marketing in seiner derzeitigen Form wird abebben wie andere Kommunikationstrends vor ihm. Vergleichende Studien zur Wirkung dieses Werkzeugs werden den Erfolg je nach Branche und Kommunikationsbedürfnis relativieren, wie es auch bei CSR der Fall war.

Konstant unverzichtbar ist und bleibt dagegen die Bedeutung einer zen-tralen Content-Strategie, die auf dem Markenkern aufbaut und flexibel genug ist, auch dessen Entwicklung abzubilden und umgekehrt zu beeinflussen. Die Digitalisierung eines analogen Geschäftsmodells beispielsweise lässt sich über Content Marketing transportieren. Content Marketing zu betreiben dagegen, ist keine ausreichende Maßnahme, um eine Marke zu digitalisieren.

Kommunikationsmaßnahmen, die in die Kernprozesse des Unter-nehmens integriert sind, können dagegen gleichzeitig beides leisten: Die Marke ins Blickfeld der Kunden rücken, die Verbreitung ankurbeln und gleichzeitig unmittelbar auf die operative Gestaltung des Geschäftsmodells einwirken. Ein professioneller YouTuber etwa generiert mit seiner Kom-munikation Klicks, und die werberelevanten Klicks sind gleichzeitig seine Währung. Kein Vertreter dieser wachsenden Spezies wird sich als haupt-beruflicher Content-Marketer verstehen, sondern als Entertainer, Musiker, Ratgeber und so weiter: als Marke eben.

Nicht mehr die kreative Form ist in erster Linie ausschlaggebend, son-dern der Content selbst. Content Marketing und andere Werkzeuge können letztlich auch nur dazu dienen, hochwertigen Inhalten eine angemessene Form zu verleihen. Genauso können sie allerdings dazu missbraucht wer-den, die gleichen alten Tütensuppen in neuen Tassen aufzugießen.

VOM BITTSTELLER ZUM INHALTSLIEFERANTEN

211

Profit-Unternehmen als Inhaltslieferanten der Gesellschaft? Um Himmels willen! Der Aufschrei der Tempelwächter ist nicht zu überhören: Dass zen-trale Köpfe der neuen Wirtschaft wie Jeff Bezos und Dietrich Mateschitz sich auch als Medienunternehmer profilieren, macht Kritiker der neuen Kommunikationsformen verständlicherweise nervös. Der Mediennutzer, so ein Kommentator, …

> »… wird mit der Vermischung von Inhalten und Reklame ausgetrickst. Er kann nicht mehr zwischen sportlicher Unterhaltung oder spannender Information und cleverer Reklame unterscheiden. Die Medienaufsicht reagiert hilflos auf die neue Werbeform. Sie prüft wie noch im analogen Zeitalter brav die Werbespots und fahndet eifrig (meist vergeblich) nach Schleichwerbung. Dabei mutieren Sender zur Reklameplattform unterbrochen von Unterhaltung und Information – Vorsicht, Produktplatzierungen!«[135]

Moment mal: Der Ruf nach einer transparenten Trennung ist nachvollziehbar, die implizite Drohung mit Content-Verhinderung ein unlauterer Eingriff in die Mechanismen des Informationsmarkts.

Zweifellos gehen Marken auch neue Verantwortlichkeiten ein, wenn sie sich als gesellschaftliche Akteure in Stellung bringen. Transparent nachvollziehbare Inhalte aus Markenquellen sind jedoch als Fortschritt gegenüber den heimlichen Allianzen der Vergangenheit einzustufen, wie sie beispielsweise zwischen »unabhängigen« Instanzen wie dem ADAC als Medienmarke und Autoherstellern bestanden haben. Die neuen Plattformen, zumal die erkennbar von Marken ausgehenden wie Servus TV, sind allemal transparenter als manches Werkzeug der klassischen PR.

Wenn Marken sich zur Aufgabe machen, den Informationsbedarf ihrer Zielgruppe als glaubhafte Experten zu bedienen – dann schaden sie sich selbst mit Inhalten, die der Rezipient als platte Markenshow identifizieren kann. Dann gibt es keinen wirklichen Mehrwert, und die Positionierung als gesellschaftlicher Akteur bleibt ein hohles Versprechen. Wohin das führen kann, hat der ADAC-Supergau in aller Deutlichkeit gezeigt.

Wird es Marken geben, die dennoch den Fehler machen, intransparent zu kommunizieren und sich missverständlich zu inszenieren? Zweifellos. Doch die hat es erstens schon immer gegeben (Medienmarken eingeschlossen), und zweitens schaden sie sich damit selbst am meisten, denn sie sind heute eher leichter zu entlarven.

Das ist der Punkt, an dem das Commitment durch Content ansetzt: Content, der den in diesem Buch beschriebenen Prämissen folgt, bezieht sich auf das gemeinsame Thema mit der Zielgruppe – nicht auf die Produkte. Er agiert assoziativ, nicht verkaufend: Aufmerksamkeit für Inhalte statt Awareness für Produkte. Der Content ist Ausdruck des Commitments der Marke zum Informationsbedarf der Fans. Umgekehrt ist das Commitment der Fans zur Marke an diesen Content gebunden, nicht an die Produkte. Dieses Commitment ist der zentrale Richtwert für die Markenkommunikation.

Im Gegensatz zum klassischen, politisch zentrierten Mediengeschäft geht es heute nicht mehr darum, als Marke überall den Finger drauf zu haben, sondern sich selektiv zu bestimmten Themenfeldern zu committen und dort etwas zu bewegen. Wie es Red Bull beim Extremsport durch konsequentes, nachhaltiges Engagement gelungen ist, der Telekom in der elektronischen Musik und Audi oder Hugo Boss in der Kunst.

Natürlich besteht das Ziel darin, die Verweildauer im Markenkosmos zu erhöhen, indem assoziative Felder besetzt werden. Förderungswürdige Interessanzfelder wie Kunst und Sport profitieren von diesem Engagement jedoch genauso wie die Marken selbst. Auch und insbesondere in ihrer Außenwahrnehmung, die nur durch Kommunikation zu erzielen ist.

Indem sie auch Kommunikationsaufgaben übernehmen, die bisher bei anderen Instanzen angesiedelt waren, avancieren Marken von Bittstellern zu geschätzten Inhaltslieferanten. Auch und gerade in gesellschaftlichen Bereichen, die heute auf dieses Engagement angewiesen oder sogar traditionell davon abhängig sind. Wenn diese Allianzen es vom Sponsoring mit Logowand zu echten Kollaborationen auf der Content-Ebene bringen, ist das eine Neuaufstellung, von der alle Seiten profitieren können.

Vernetzung statt politisch getriebenem Mediageschäft: Wenn das keine positive Prognose für den Informationsmarkt ist. Und, ja, auch für den Werbemarkt.

MIT CONTENT COMMITTEN:
NAVIGATIONSHILFEN AM NEUEN KOMMUNIKATIONSMARKT

Welche To-dos gehen mit diesen Umwälzungen für uns Kreative in den Unternehmen und Agenturen einher?

Marken sollten so unabhängig wie möglich eigene Plattformen aufbauen, weil die alten Abhängigkeiten, insbesondere vom Fernsehen, nicht mehr existieren. Je nach Kommunikationsbedarf macht es dennoch Sinn, parallel das Potenzial alter und neuer Kanäle im Blick zu haben. Wenn die User einer Marke bei Sat.1 oder RTL anzutreffen sind, spricht nichts dagegen, auch dort einen Flight zu platzieren.

Der Werbeblock, wie wir ihn kennen, ist endlich, doch das Fernsehen erfindet sich bereits neu. Auch andere Medien sind längst mitten in der Transformation begriffen. Schon jetzt werden neue strategische Partnerschaften geschlossen, die eigene Plattformen ergänzen können. Zukünftig sind für die Mehrzahl der Marken vor allem die Cross-Verbindungen interessant, die zusätzlich Vertriebskanäle schaffen.

Der Fokus sollte deshalb nicht zuerst auf der Zusammenstellung der Kanäle liegen, sondern immer auf dem Content selbst. Content muss aus der Marken-DNA erwachsen. Er darf nicht im isolierten kreativen Paralleluniversum entstehen, sondern muss abteilungsübergreifend von allen Verästelungen zehren können. Dafür brauchen Marken redaktionelle Begleitung – im Idealfall eine Content-Abteilung mit Universalschlüssel zu allen anderen Abteilungen.

Der Content einer Marke ist ihr Commitment an die Zielgruppe, die sich dafür mit ihrem Commitment revanchiert. Er stellt die gemeinsamen Interessen in den Mittelpunkt, nicht das Verkaufen.

BRANDSHIP-FAKTOR CONTENT

CONTEMPORARY CONTENT IST KANALÜBERGREIFENDE, EXKLUSIVE UNTERHALTUNG, DIE DIREKT MIT DER MARKE ASSOZIIERT WIRD, DEN MEHRWERT IN EINE BRANDED STORY EINBINDET UND AUF DIE PRODUKTZENTRIERTE VERKAUFSSHOW VERZICHTET.

ERSCHAFFEN SIE FÜR IHRE MARKE CONTENT, DER DIE GRENZEN
_____ DESSEN SPRENGT, WAS UND WO WERBUNG FRÜHER WAR:

· *Committen Sie über Ihren Content!* Positionieren Sie sich als Informationsquelle oder Unterhalter mit Mehrwert-Garantie. Übernehmen Sie Verantwortung und liefern Sie den Menschen Inhalte, die sich auf gemeinsame Interessen beziehen.

· *Machen Sie den Content zum Ausgangspunkt für alles!* Die Inhalte bestimmen die Strategie, nicht umgekehrt. Bleiben Sie lieber bei der Medienauswahl flexibel als bei der Konzeption. Stecken Sie Ihr Budget in die Kanäle, die organisch zu Ihrer Botschaft passen.

· *Werden Sie zum professionellen Content-Produzenten!* Marken agieren wie Medien, und Medien agieren wie Marken. Erschaffen Sie so unabhängig wie möglich eine eigene Plattform und nehmen Sie parallel neue Allianzen in den Blick.

Exklusiver Content ist die neue Schnittstelle von Marken und Menschen, die es in der Markenkommunikation so bisher nicht gab. Marken werden in Zukunft viel stärker in relevante Media-Inhalte anstatt in Media-Präsenz investieren, um potenzielle Kunden an sich zu binden. Die gesamte Bandbreite der neuen Medienschaffenden, aber auch Musikverlage und Filmproduktionen, werden dabei zu immer wichtigeren Partnern der Marken – und umgekehrt. Teilweise lösen sie sogar das alte Modell Werbeagentur ab.

Können Marken die besseren Medien werden? Wir werden sehen. In jedem Fall können Medien nicht anders, als zu Marken zu werden, die ihrerseits neue Verbündete brauchen. Vielleicht wird Loriot am Ende noch Recht behalten – ganz ohne Ironie.

EPILOG:
TRANSFORMATION
DURCH
TRANSPARENZ

Wenn Alber Elbaz über Kreativität spricht, hören nicht nur die Fashion-Experten zu. Der Chefdesigner des französischen Modehauses Lanvin ist einer jener Kreativen, die sich noch nie von statischen Zunftregeln haben einschränken lassen. Er beugt sich keinem Modediktat. Und er glaubt offenbar auch nicht daran, dass Kreative an etablierten Mustern festhalten müssten. Viel lieber lässt er sich vom Fluss der Innovation inspirieren, immer neu gestaltend anzusetzen:

>>Innovation funktioniert nicht immer. Das Resultat kann enttäuschend sein. Aber es ist wichtig Teil des kreativen Prozesses zu sein – an die Innovation zu glauben und weiter zu experimentieren. [...] Wir müssen nicht alles wissen. Manchmal müssen wir unseren Gefühlen und unserer Intuition folgen, um träumen zu können.<<[136]

Das ist eine Sicht auf kreatives Arbeiten, an der wir uns ein Beispiel nehmen können und sollten. Kreativität im Produkt und Kreativität in der Kommunikation waren bisher zwei getrennte Konzepte mit unterschiedlichen Regeln. Wenn die Kommunikation entscheidenden Einfluss auf die Entwicklung einer Marke nimmt, wird beides eins.

Dann ist Elbaz' Einstellung zur Kreativität auch für das relevant, was wir früher Werbung nannten: Wir müssen nicht mehr alles wissen, sondern stattdessen viel mehr ausprobieren. Offener werden und empathischer. Wir suchen nicht mehr nach dem letzten Schrei. Wir streben nach Brandship: einer echten Beziehung zwischen Marken und Menschen.

Der Wandel kündigt sich an allen Ecken und Enden an – und eben nicht nur in den Trendreports der Kommunikationsbranche. Er betrifft uns alle: Start-ups, Entrepreneure, Traditions- und Familienunternehmen, Berater, Lifestyle-Ich-AGs, die PR-Abteilung, den Geschäftsführer, den Trainee. Letzterer ist übrigens im Vorteil – weil er den Brandship-Faktor im Privaten wahrscheinlich schon lebt. Vom anderen Ende der kommunikativen Dualität, als User.

Kunden erwarten heute zum Beispiel intuitives Design. Das Bedienkonzept von Smartphones oder auch Smart Watches ist darauf ausgerichtet, dass man dafür keine Bedienungsanleitung mehr braucht. Die Gestensteuerung ist organisch gedacht – der Nutzer kann sie erfühlen. Jeder weiß heute intuitiv, was er tun muss, um zum nächsten Bild in der virtuellen Galerie zu gelangen. Aus demselben Grund legen Autohersteller bei der Gestaltung des Innenraums großen Wert auf Ergonomie und Modedesigner auf die Funktionalität ihrer Kleidungsstücke. Marken erreichen ihre Kunden durch intuitives Verhalten, das auf gewandelte Bedürfnisse reagiert. Schnell und dennoch glaubwürdig. Möglich ist das nur, wenn wir nahe genug an den Menschen dran sind.

Mancher CEO täte gut daran, auch mal mit dem Trainee einen trinken zu gehen, anstatt nur mit den Kollegen aus der Teppichetage. Das wäre kein übler Start in die neue Ära, in der die Marken den Menschen auch zuhören müssen, anstatt sie nur zu beschallen.

Wer in Zukunft noch mithalten will, muss Beziehungsarbeit betreiben und seinen Brandship-Faktor erhöhen. Die zehn Strategien in diesem Buch bieten dafür die Grundlage: Sie helfen Marken, dem Wandel intuitiv zu begegnen und sich dabei treu zu bleiben. So, wie die Marktführer in Technologie, Fashion, Mobilität und anderen Branchen es vormachen.

Intuitive Benutzerführung, schön und gut. Aber agile Prozesse als strategisches Werkzeug der Markenbildung? Soweit kommt's noch!

Ja, soweit kommt's noch. Wetten?

In einer Welt, in der es kein Modediktat mehr gibt, gibt es auch kein Kreativdiktat mehr. Wenn wir Marken als Persönlichkeiten mit einer Story etablieren, darf es nicht mehr darum gehen, kreativ zu wirken. Die Kreativität ist vielmehr von der Oberfläche der Kampagne in die Tiefe der Prozesse gewandert. Nicht die Prozesse des Werbens, sondern die Entwicklungsprozesse der Marke.

Vergesst die alten Prozesse! Sie bringen nicht mehr das gewünschte Ergebnis. Lebt nicht mehr für die Kampagnen, lebt für die Beziehung!

Das ist nicht kompliziert, das ist eigentlich einfacher. Wenn Kommunikation das transportieren darf und soll, was im Innersten der Marke passiert, brauchen wir keinen verkrampften Kreativprozess an der Oberfläche mehr, der irgendwelchen Trenddiktaten folgt.

Vergesst die alten Zielsetzungen! Mit der schnellen Verkaufe ist es nicht mehr getan.

Das Ziel des Transformationsprozesses durch Brandship-Faktoren lautet: Transparenz. Sichtbar machen, was unter der Oberfläche liegt – und die Kreativität dort walten lassen.

Um Markenbeziehungen über Kommunikation zu etablieren, gibt es nicht den einen Prozess, dem wir sklavisch folgen könnten. Entscheidend für die kreative Zusammenarbeit von Marken und ihren Beratern ist, was Alber Elbaz als Erfolgsgeheimnis für Innovation benannt hat: Teil des kreativen Prozesses zu sein, weiter zu experimentieren und Innovation nicht als zeitlich begrenztes Projekt zu betrachten.

Die Wirkung der Marke so gezielt zu visionieren, dass alle Schritte im Prozess auf diese Wirkung einzahlen, funktioniert nur, wenn wir als Kreative Teil der Prozesskette werden. Das gilt für die Kommunikationsbeauftragten innerhalb der Marken genauso wie für externe Berater. Diese neue Rolle der Kreativen verlangt uns maximale Flexibilität ab. Wir können ihr nur gerecht werden, wenn wir adaptiv unterschiedliche Rollen einnehmen – je nach Interessanzfeld, je nach Stand der Markenbildung, je nach Marke. Dass wir die individuellen Content-Bedürfnisse auch kreativ ausfüllen können, ist nicht mehr als eine finale Handlungskompetenz am Ende jeder Etappe.

Die Entscheidung für Offenheit und Neugier ist auch eine Entscheidung für demokratische Entscheidungsprozesse.

Kreative müssen in Zukunft früh erkennen, wo ihre Rolle liegt. Manchmal beschränkt sie sich tatsächlich auf die des Beraters, der gar nicht mehr ausführend tätig wird, weil das Unternehmen selbst über die notwendigen Kanäle und Kompetenzen verfügt. Ein junges digitales Unternehmen, das Zugriff auf Legionen von Bloggern und YouTubern und keinen Bedarf an TV hat, braucht mich vielleicht für seine Content-Strategie, nicht aber als Content-Produzenten. Ein analoges Unternehmen, das gerade erst den Sprung in die Digitalisierung wagt, hat dagegen sowohl für die klassische Aktivierungskampagne als auch für die komplette strategische Neuausrichtung inklusive Umsetzung Verwendung. Und wieder ein anderes Unternehmen stellt vielleicht sehr spät fest, dass es den Zugriff auf seine Kunden verloren hat – und sucht nach Wegen, sich wieder ins Spiel zu bringen. Drei völlig unterschiedliche Business Cases, drei völlig unterschiedliche Beratungsansätze, drei völlig unterschiedliche Leistungsumfänge.

In allen drei Fällen wäre ein Kreativdiktat nach altem Muster die denkbar schlechteste Vorgehensweise: Unternehmen Nr. 3 wäre hilflos ausgeliefert und kurz darauf möglicherweise endgültig weg vom Fenster. Unternehmen Nr. 2 wäre überfordert und unbefriedigt. Und Unternehmen Nr. 1 würde einfach nur grinsend abwinken.

Wo der eine geniale kreative Wurf nicht mehr erfolgsentscheidend ist, kann auch niemand mehr ein instinktives geniales Händchen für Maßnahmen haben. Kommunikationsarbeit im Team funktioniert nicht anders als jeder andere demokratische Entscheidungsprozess: Ausprobieren, sehen was funktioniert, verwerfen, neu ansetzen, weitersehen. Der ständige Wandel treibt uns alle an.

Irgendwann wird auch der letzte Entscheider gemerkt haben, dass mit der schnellen Awareness-Dröhnung allein kein Staat mehr zu machen ist. Dass die wahren Potenziale der Kommunikation in langfristigen, agilen Prozessen liegen. Beziehungsarbeit ist eine Lebensaufgabe, kein Saisonjob.

Good bye, alte Werbewelt: Deine Kampagnen sind Vergangenheit. Und der Letzte macht bitte das Licht aus.

Brandship ist kein Werbetrend, sondern ein agil gesteuerter Innovationsprozess. Und damit durchaus ein strategisches Programm, denn es ist die Voraussetzung für zeitgemäßen strategischen Content. Es versetzt uns in die Lage, neue Bedürfnisse zu bedienen und verschafft uns neue kreative Freiheiten. Endlich dürfen wir inspirieren statt erklären: Wir können nicht alles wissen, und wir müssen nicht alles wissen. Innovation funktioniert nicht immer. Brandship bedeutet, dennoch daran zu glauben und Teil des kreativen Prozesses der Markenbildung zu sein.

Im Idealfall kann Markenkommunikation so effektiv sein, wie der Künstler Bruce LaBruce es mit seiner persönlichen Kommunikationsstrategie schon seit den 1980ern vorlebt. Neben seiner schrägen Ästhetik und seinen sarkastischen, künstlerischen Geschichten wurde er nicht zuletzt dafür bekannt, dass er seine filmische Arbeit aktiv promotete. Er entdeckte den Wettbewerbsvorteil durch Markenkommunikation lange vor den meisten anderen Künstlern. Und er zielte dabei von Anfang an auf die Verflechtung von Kommunikation und Markenkern:

> »Das war alles sehr hausgemacht [...], und weil es vor dem Internet war, lernte ich, wie ich mit den Filmen umgehen und sie promoten musste, als Bestandteil des gesamten kreativen Prozesses, so wie ich es auch heute noch tue. Für mich ist alles Teil desselben Prozesses.«[137]

Bruce LaBruce gilt als einer der bestgebrandeten Künstler der Gegenwart. Während andere auf dieser Liste, wie Damien Hirst oder Jeff Koons, immer wieder mit Vorwürfen der Kommerzialisierung und des Verrats an künstlerischen Idealen zu kämpfen haben, darf LaBruce auch ein Parfüm auf den Markt werfen, ohne damit Anstoß zu erregen. Vielleicht hat er es gerade deshalb »Obscenity« genannt. Gleichzeitig ist sein filmisches Lebenswerk inzwischen Gegenstand einer Film-Retrospektive im MoMA.

Sein Beispiel zeigt: Eine Transformation ist glaubwürdig, wenn sie transparent auf die Markenidentität zurückzuführen ist.

Wenn wir für Innovation offen sind, müssen wir uns vor der neuen Marken- und Werbewelt nicht fürchten. Wir dürfen weiterhin Produkte verkaufen. Solange wir nicht der irrigen Annahme verfallen, dass die Markenidentität allein auf den Produkten oder einem rein kommerziellen Bedarf aufbauen würde. Oder auf den Kreativ-Pitches der Vergangenheit.

Brandship ist eine radikale Transformation. Und es ist auch: der Beginn vieler wunderbarer neuer Freundschaften. Kunden sind nicht mehr gleich Kunden, Marken sind nicht mehr gleich Produkte, und Markenkommunikation ist nicht mehr gleich Werbung.

Auf gute Brandship!

ÜBER DEN AUTOR

© Michael Heinsen

Tom Daske ist Gründer und Geschäftsführer der Werbeagentur »Die Botschaft«. Er gestaltet mit seinen Mitarbeitern die strategische Markenkommunikation von Unternehmen wie PayPal, Pepsi, Smart, Bionade und vielen anderen.

Der Autor nimmt regelmäßig an Trendforen teil und spricht in Branchenmedien wie media.net über Entwicklungen und Perspektiven der Markenkommunikation. Als Business Angel unterstützt er außerdem Nachwuchsmarken und investiert in Start-ups.

ENDNOTEN

[1] Focus.de: Gerichtssprecherin ganz modern: Leo oder Schlange? Titz macht Hoeneß-Prozess zur Show, Focus.de, 14.03.2014, *http://www.focus.de/kultur/medien/hoeness-gericht-andrea-titz-show-leo-oder-schlange-titz-macht-hoeness-prozess-zur-show_id_3687619.html*

[2] Anne Waak: Bauernmarkt 2.0, Die Welt am Sonntag, *http://hd.welt.de/wams-hd/wams-hd_stil/article136442966/Bauernmarkt-2-0.html*

[3] Ebd.

[4] The Food Assembly, *https://www.laruchequiditoui.fr/de*

[5] Anne Waak: Bauernmarkt 2.0, Die Welt am Sonntag, *http://hd.welt.de/wams-hd/wams-hd_stil/article136442966/Bauernmarkt-2-0.html*

[6] Ebd.

[7] Website von Threema.: *https://threema.ch/de*

[8] Ebd.

[9] Threema.: Chryptography Whitepaper, *https://threema.ch/press-files/2_documentation/cryptography_whitepaper.pdf*

[10] Zeit online: Stiftung Warentest stuft nur Threema als unkritisch ein. *http://www.zeit.de/digital/datenschutz/2014-02/stiftung-warentest-threema*

[11] Ebd.

[12] Sebastian Fischer: „SpaceShipTwo"-Unglück: Absturz eines Prestige-Projekts, Spiegel online, 01.11.2014, *http://www.spiegel.de/wissenschaft/weltall/spaceshiptwo-absturz-des-prestige-projekts-von-richard-branson-a-1000481.html*

[13] Oscar Contreras: Virgin Group Founder Richard Branson's statement on SpaceShipTwo crash, turnto23.com, *http://www.turnto23.com/news/state/virgin-group-founder-richard-bransons-statement-on-spaceshiptwo-crash-110114*

[14] Ebd.

[15] Ebd.

[16] Mitarbeiter-Blog der Daimler AG, *http://blog.daimler.de/*

[17] Jan Kirchner/Alexander Fedossov: Vom Mitarbeiter zum Markenbotschafter: Wie Employer-Branding auf allen Unternehmensebenen funktioniert, t3n Magazin Nr. 37, 09/2014-11/2014, *http://t3n.de/magazin/employer-branding-allen-unternehmens-ebenen-funktioniert-236760/*

[18] Alexander Mankowsky: Hingucker, Menschen und Ideen #CES2015, 14.01.2015, *http://blog.daimler.de/2015/01/14/hingucker-menschen-und-ideen-ces2015/#more-40681*

[19] Ebd.

[20] Jeremy Rifkin: Die dritte industrielle Revolution – Die Zukunft der Wirtschaft nach dem Atomzeitalter, Campus, Frankfurt/Main 2011

[21] Erhard Eppler: Ein Weg, der Hoffnung wecken kann, FAZ.net, 16.09.2011, *http://www.faz.net/aktuell/feuilleton/buecher/rezensionen/sachbuch/jeremy-rifkin-die-dritte-industrielle-revolution-ein-weg-der-hoffnung-wecken-kann-11166493.html*

[22] Ebd.

[23] Wolfgang Horch: Möbelhersteller Dedon steigt ins Hotelgeschäft ein, Hamburger Abendblatt, 12.03.2012, *http://www.abendblatt.de/wirtschaft/article2212907/Moebelhersteller-Dedon-steigt-ins-Hotelgeschaeft-ein.html*

[24] Website von Dedon Island: The Island, *http://www.dedonisland.com/en/the-island.html*

[25] Website von Dedon Island: Architectural Sketchbook, *http://www.dedonisland.com/en/architectural-sketchbook.html*

[26] Wolfgang Horch: Möbelhersteller Dedon steigt ins Hotelgeschäft ein, Hamburger Abendblatt, 12.03.2012, *http://www.abendblatt.de/wirtschaft/article2212907/Moebelhersteller-Dedon-steigt-ins-Hotelgeschaeft-ein.html*

[27] Ebd.

[28] Ebd.

[29] Anne Waak: Mit dem Helikopter zur Weinlese, Die Welt online, 25.09.2014, *http://www.welt.de/icon/article132547177/Mit-dem-Helikopter-zur-Weinlese.html*

[30] Ebd.

[31] Ebd.

[32] Ebd.

[33] Website von Yoo Residences: *http://www.yoo.com/residences/*

[34] Website des Sapphire Berlin, Konzept: *http://www.sapphire-berlin.com/de/meine-liebeserklaerung-an-berlin-konzept.html*

[35] Ebd.

[36] Council on Tall Buildings and Urban Habitat: Haeundae I'Park, Busan, *http://www.ctbuh.org/TallBuildings/FeaturedTallBuildings/HaeundaeIParkSouthKorea/tabid/2772/language/en-US/Default.aspx*

[37] Anton Priebe: Überraschende Studienergebnisse: Twitter-Nutzer lieben Marken, Onlinemarketing.de, 07.05.2014, *http://onlinemarketing.de/news/ueberraschende-studienergebnisse-twitter-nutzer-lieben-marken*

[38] Ebd.

[39] Ebd.

[40] Ebd.

[41] Ebd.

[42] Website von digitalrev.com, About: *http://www.digitalrev.com/about_us* (eigene Übersetzung)

43 Ebd.

44 Beats by Dre YouTube-Channel: Beats by Dre Presents: #SoloSelfie – The Tutorial, 26.11.2014, *https://www.youtube.com/watch?v=BXGmHgBWcKA*

45 Beats by Dre YouTube-Channel: Beats by Dre Presents: #SoloSelfie, 26.11.2014, *https://www.youtube.com/watch?v=mcbVomzq1Ig*

46 Das soziologische Modell der „sozialen Kreise" wurde vom Soziologen und Philosophen Georg Simmel geprägt, der die These 1890 in seinem Essay Über soziale Differenzierung vorstellte.

47 Instagram-Account von Choupette Lagerfeld: *https://instagram.com/choupettesdiary/*

48 Ebd., Stand 07.04.2015

49 Amy Larocca: Karl Lagerfeld on His Mother, 3 Million Cat, and Being a ‚Fashion Vampire', New York Magazine/The Cut, 31.03.2015, *http://nymag.com/thecut/ 2015/03/lagerfeld-on-his-mother-3-million-cat-more.html*

50 Mission Wiedergeburt, brandeins, Ausgabe 02/2014, *http://www.brandeins.de/ archiv/2014/werbung/mission-wiedergeburt/*

51 Ebd.

52 Thomas Sebastian Vitzthum: Grumpy Cat verdient mehr als Cristiano Ronaldo, Die Welt online, 08.12.2014, *http://www.welt.de/politik/article135122606/ Grumpy-Cat-verdient-mehr-als-Cristiano-Ronaldo.html*

53 Rosa Bertoli: Alfredo Häberli and BMW unite to imagine a car of the future, Wallpaper.com, 06.02.2015, *http://www.wallpaper.com/design/alfredo-hberli-and-bmw-unite-to-imagine-a-car-of-the-future/8412*

54 Ebd.

55 Ebd.

56 Ebd.

57 *https://www.youtube.com/watch?v=xau8s_g-lQk*

58 Amazon Dash Produktvideo: *https://www.youtube.com/watch?v=NMacTuHPWFI*

59 Christian Zich et al.: Facebook-Fanpages are dead!, Technische Hochschule Deggendorf (THD) 2015, zitiert nach: Acquisa/Haufe.de: Fanpages lohnen sich kaum, 03.02.2015, *http://www.haufe.de/marketing-vertrieb/online-marketing/facebook-fanpages-lohnen-sich-kaum_132_290986.html*; ein Factsheet der Studie ist unter *https://idw-online.de/de/attachment42791* abrufbar

60 Ebd.

61 The Sartorialist: The Sartorialist x Porsche 911 Targa 4 GTS, *http://www.thesartorialist.com/photos/the-sartorialist-x-porsche-911-targa-4-gts/*

62 Focus online/dpa: Mann versteigert sein ganzes Leben, Focus online, 19.03.2008, *http://www.focus.de/digital/internet/ebay/ebay_aid_265884.html*

63 RP online: Die kuriosesten Ebay-Auktionen, RP online, *http://www.rp-online.de/ digitales/internet/die-kuriosesten-ebay-auktionen-bid-1.565691*

64 Focus online/dpa: Mann versteigert sein ganzes Leben, Focus online, 19.03.2008, *http://www.focus.de/digital/internet/ebay/ebay_aid_265884.html*

65 Website von Ian Usher: *http://www.ianusher.com/index.php*

66 Meike Lorenzen: Wer Ihre Daten hat und was Sie dagegen tun können, Wirtschafts-Woche online, 03.11.2012, *http://www.wiwo.de/technologie/digitale-welt/datenschutz-wer-ihre-daten-hat-und-was-sie-dagegen-tun-koennen/7330260-all.html*; aktuelles Eurobarometer der EU-Kommission: *http://ec.europa.eu/public_opinion/index_en.htm*

67 Ebd.

68 Ebd.

69 Ebd.

70 IKEA Werbung: TV-Spot „Verführung" 2015, YouTube-Kanal von IKEA Deutschland, 12.01.2015, *https://www.youtube.com/watch?v=7Q0RCxxEag8*

71 Ebd.

72 thjnk Pressemitteilung: thjnk und IKEA verführen zu mehr Ordnung im Schlafzimmer, thjnk.de, *http://www.thjnk.de/thjnk-und-ikea-verfuhren-zu-mehr-ordnung-im-schlafzimmer/*

73 Tina Kaiser: Ben&Jerry's macht Politik mit neuen Eissorten, Welt online, 29.06.2012, *http://www.welt.de/dieweltbewegen/article107299106/Ben-amp-Jerrys-macht-Politik-mit-neuen-Eissorten.html*

74 Ebd.

75 Ebd.

76 Wirtschaftsforum.de: Studie zu Customer Centricity Management – Deutsche Firmen sprechen Kunden falsch an, *http://www.wirtschaftsforum.de/news/beitrage/deutsche_firmen_sprechen_kunden_falsch_an/*

77 Website der Weberbank, Startseite: *https://banking.weberbank.de/portal/portal/StartenIPSTANDARD?IID=10120100&AID=IPSTANDARD&p=p.homepage_oph3GL-vdp&n=%2Fstart%2F*

78 Elmar Krekeler: Die echten Höhepunkte erlebt man nur am Herd, WELT online, 02.09.2014, *http://www.welt.de/kultur/literarischewelt/article131815276/Die-echten-Hoehepunkte-erlebt-man-nur-am-Herd.html* Focus online/dp

79 Carsten Otte: Der gastrosexuelle Mann – Kochen aus Leidenschaft, Campus 2014

80 Elmar Krekeler: Die echten Höhepunkte erlebt man nur am Herd

81 Dialog Consult/VATM: 16. TK-Marktanalyse Deutschland 2014

82 Ebd.

83 Pressemeldung Deutsche Telekom AG, Corporate Communications: Telekom-Engagement auf der c/o pop unterstreicht Bedeutung der digitalen Entertainmentbranchen, Presseportal, 15.06.2012, *http://www.presseportal.de/pm/9077/2271637/telekom-engagement-auf-der-c-o-pop-unterstreicht-bedeutung-der-digitalen-entertainment-branchen*

84 Ebd.

[85] Website des TMTS: *http://musictalentspace.net/*

[86] Schröder Schömbs PR: Telekom Musik Talent Space – Telekom startet neues internationales Musikförderprogramm, 24.11.2014, *http://www.schroederschoembs.com/newsroom/telekom-music-talent-space-telekom-startet-neues-internationales-musik-foerderprogramm/*

[87] Ebd.

[88] Website zum Film: *http://wwws.warnerbros.de/lego/dvd/*

[89] Lego-Website: *http://www.lego.com/de-de/movie*

[90] Doug Pray's ,Scratch', *https://www.youtube.com/watch?v=E795nmyZYCQ*

[91] William Boyd: Solo: Ein James-Bond-Roman, Berlin Verlag 2013

[92] Bernd Herbon: James Bond – Zwischen Küche und Verbrecherjagd

[93] Ebd.

[94] Ebd.

[95] *http://de.statista.com/statistik/daten/studie/195387/umfrage/anzahl-der-mitarbeiter-von-google-seit-2001/*

[96] *http://www.wallstreet-online.de/aktien/google-aktie/bilanz*

[97] Marco Engelien: Die Google-Suche hat keine echte Konkurrenz, Welt online, 15.04.2015, *http://www.welt.de/wirtschaft/webwelt/article139606594/Die-Google-Suche-hat-keine-echte-Konkurrenz.html*

[98] *https://www.youtube.com/watch?v=gPqdybvS7vU*

[99] *https://www.youtube.com/watch?v=xeu_80U8igQ*

[100] *https://www.youtube.com/watch?v=DHdTdbcNT7c*

[101] *https://www.youtube.com/watch?v=_t2ouvLZqiM*

[102] *https://www.nespresso.com/de/de/howfar.html*

[103] s. dazu auch Kapitel 9: Making-of Marke

[104] *https://www.youtube.com/watch?v=eyN2Ez420H4*

[105] Sebastian Pantel: Sascha Lobo im Interview – Wie das Internet unser aller Leben verändert, Südkurier, 19.11.2014, *http://www.suedkurier.de/nachrichten/digital/Sascha-Lobo-im-Interview-Wie-das-Internet-unser-aller-Leben-veraendert;art1182640,7419994*

[106] Ebd.

[107] Blue Origin: Opening Space, *https://www.blueorigin.com/#youtubekbT29lA322g*

[108] Alan Boyle/NBC News: Jeff Bezos' Blue Origin Tests New Shepard Spaceship in Flight, NBC News, 30.04.2015, *http://www.nbcnews.com/science/space/jeff-bezos-blue-origin-tests-new-shepard-spaceship-flight-n351181*

[109] Universität Zürich: Corporate Social Responsibility zahlt sich nicht aus, Medienmitteilung vom 22.06.2015, *http://www.mediadesk.uzh.ch/articles/2015/corporate-social-responsibility-zahlt-sich-nicht-aus.print.html*

[110] Ebd.

[111] Tagesanzeiger: Die Mär vom lohnenden sozialen Engagement, tagesanzeiger.ch, 23.06.2015, *http://www.tagesanzeiger.ch/wirtschaft/Die-Maer-vom-lohnenden-sozialen-Engagement/story/11492672*

[112] Ebd.

[113] Ebd.

[114] Britta Meyer: Im Rampenlicht, Audi Blog – Einblicke für Medienprofis, 06.02.2015, *http://blog.audi.de/2015/02/06/im-rampenlicht/*

[115] Audi-Website: Audi auf der Berlinale, *http://www.audi.de/content/de/brand/de/audi-artexperience/film-theater/berlinale.html*

[116] Audi-Website: Kulturengagement der Audi AG, *http://www.audi.de/content/de/brand/de/audi-artexperience/film-theater/berlinale.html#page=/de/brand/de/audi-artexperience.html*

[117] Hugo-Boss-Website: Hugo Boss Asia Art Award, *http://group.hugoboss.com/konzern/sponsoring/kultursponsoring/hugo-boss-asia-art-award/*

[118] Hugo Boss eMag: Ein Tag in London mit Lewis Hamilton, *http://www.hugoboss.com/de/magazine/*

[119] Adrien Weinert: 5 reasons why technology is becoming uncool, Metro.co.uk, 05.08.2013, *http://metro.co.uk/2013/08/05/digital-fatigue-5-reasons-why-techology-is-becoming-uncool-3911677/*

[120] Fabian Müller: Paypal setzt auf Ding-Dong, Tip-Top und Klick-Klick, Horizont.net, 04.05.2015, *http://www.horizont.net/agenturen/nachrichten/Havas-Kampagne-Paypal-setzt-auf-Ding-Dong-Tip-Top-und-Klick-Klick-134197*

[121] Website von ROT4, abgerufen 07.07.2015: *http://rot4.otto.de/lp/index.php*

[122] Website von GoPro, abgerufen 08.07.2015, *http://de.gopro.com/*

[123] Peter Welchering: Bauer sucht Cloud, faz.net, 30.06.2015, *http://www.faz.net/aktuell/technik-motor/umwelt-technik/agrarrevolution-internet-und-gps-in-der-landwirtschaft-13660345.html*

[124] Okay, sagen wir: des zweitältesten.

[125] Peter Welchering: Bauer sucht Cloud, faz.net, 30.06.2015, *http://www.faz.net/aktuell/technik-motor/umwelt-technik/agrarrevolution-internet-und-gps-in-der-landwirtschaft-13660345.html*

[126] Ebd.

[127] Vico von Bülow alias Loriot

[128] Stratosphärensprung von Felix Baumgartner: YouTube-Kanal von Red Bull, 14.10.2012, *https://www.youtube.com/watch?v=FHtvDA0W34I*

[129] Hans-Peter-Siebenhaar: Der rote Medien-Stier, Handelsblatt online, 21.10.2013, *http://www.handelsblatt.com/unternehmen/it-medien/medienkommissar/der-medien-kommissar-der-rote-medien-stier/8961450.html*

[130] Alexandra Föderl-Schmid/Sebastian Pumberger: Jeff Jarvis wünscht Massenmedien zur Hölle, Der Standard online, 18.04.2015, *http://derstandard.at/2000014497855/Jeff-Jarvis-wuenscht-Massenmedien-zur-Hoelle*

[131] Hans-Peter Siebenhaar: Der rote Medien-Stier

[132] Klaus Eck: Nach dem Hype, buchreport.de, 07.07.2015, *http://www.buchreport.de//nachrichten/verlage/verlage_nachricht/datum/2015/07/07/nach-dem-hype.htm*

[133] Ebd.

[134] Hans-Peter-Siebenhaar: Der rote Medien-Stier, S. 2

[135] Hattie Crisell: Alber Elbaz on the Apple Watch and the Role of Creativity in a High-Tech World, New York Magazinz/The Cut, 27.04.2015, *http://nymag.com/thecut/2015/04/alber-elbaz-on-the-apple-watch-and-glamour.html*

[136] Nadja Sayej: The World's Best-Branded Contemporary Artists, ARTslant Los Angeles, 17.04.2015, *http://www.artslant.com/la/articles/show/42776*